Pure Diet

素味清欢

100道纯净素料理

大小素·著

电子工业出版社
Publishing House of Electronics Industry
北京·BEIJING

未经许可，不得以任何方式复制或抄袭本书之部分或全部内容。
版权所有，侵权必究。

图书在版编目（CIP）数据

素味清欢/大小素著. —北京：电子工业出版社，2019.1

ISBN 978-7-121-35853-1

Ⅰ.①素… Ⅱ.①大… Ⅲ.①素菜－菜谱 Ⅳ.①TS972.123

中国版本图书馆CIP数据核字（2018）第290919号

策划编辑：于　兰
责任编辑：于　兰
特约编辑：孙　鹏
印　　刷：中国电影出版社印刷厂
装　　订：中国电影出版社印刷厂
出版发行：电子工业出版社
　　　　　北京市海淀区万寿路173信箱　邮编：100036
开　　本：720×1000　1/16　印张：12.5　字数：225千字
版　　次：2019年1月第1版
印　　次：2019年4月第3次印刷
定　　价：58.00元

凡所购买电子工业出版社图书有缺损问题，请向购买书店调换。若书店售缺，请与本社发行部联系，联系及邮购电话：（010）88254888，88258888。
质量投诉请发邮件至zlts@phei.com.cn，盗版侵权举报请发邮件至dbqq@phei.com.cn。
本书咨询联系方式：QQ1069038421，yul@phei.com.cn。

自序

大小素创始人 双胞胎姐妹
黄清丽（大大） 黄清媚（小小）

我们曾经是荤食节目主持人，工作两年半后，我们的身体状况亮起了红灯，后来又通过素食重获健康。这个意外的收获让我们对素食产生了好奇和兴趣，使我们想要更深入地了解素食及素食背后的内涵。

到这种低碳的纯素饮食方式不仅改善了我们身体的状况，还为我们带来了更平和的心境，也使我们对环保有了更多的意识和热情。如何更好地、和谐地与万物生灵及身边的亲朋好友相处，亦成为我们越来越关注的人生课题。

素食是净化我们心灵的一种自然的饮食方式。因此，我们姐妹俩萌发了要把如此美好的饮食方式向大众推广的想法！

2014年，我们联合素食节目导演小帕及素食倡导者徐佳会召集了24位比较有代表性的素食志愿者，他们中年龄最小的只有3岁，最大的80岁，拍摄了一部关于素食的公益片《Beyond 24-彼岸24》。这部片子讲述了这24位素食者坚持素食不一样的理由，打破了大家对素食原来的认知，推动了新时代新饮食的潮流发展。

2015年，我们创办了大小素纯素品牌，在衣食住行上，主张分享健康文明的生活方式，推广更多关于素食人文内涵和精神修养方面的内容。

紧接着，我们众筹了一档素食节目《吃货觉醒》，与美国责任医师协会营养学专家徐嘉博士联手，讲述女性在一生的10个重要阶段该如何选择更健康的饮食方式。

2018年，从"心"出发，从"新"出发。我们姐妹俩总结了这四年来对素食的认识和沉淀，创作了本书。我们希望通过这本书，和大家分享如何让更好的生活品质践行在我们的生活点滴当中，同时也分享我们在接受素食后的一些心路历程。素食对我们俩而言不仅仅是一种饮食方式，更是一个让心灵返璞归真的起点。

推荐序一

徐嘉 博士
美国责任医师协会营养学专家

2013年,我开始在微博上推广素食。一天,一位电视台美食节目的主持人主动和我联系,说要拍几期关于素食的节目。我非常开心,很快和她敲定了第二年三月在香港拍摄的事宜。这也是我回国巡讲的开始。

和我联系的是大大,后来我才知道她还有一个双胞胎妹妹叫小小,当时她们的美食节目是全电视台收视率最高的。

拍摄前,我到位于深圳的电视台与拍摄团队见面。两位美女一起来接我,真让我受宠若惊。印象中主持人应该是高冷的,可没想到她们俩让人一点距离感都没有。

在香港拍摄期间,和大大、小小的团队天天吃住在一起,我越来越体会到她们工作中的那股拼劲儿。每天一大早她们就出去拍外景,之后和我们拍室内情节,晚上大家还要一起讨论脚本,她们这些80后的敬业精神让我肃然起敬。

和素食近距离接触,使那次拍摄成了她们人生的转折点。节目播出不久,她们便决定加入素食者的行列,并放弃了当时的工作,那档美食节目也因此停播了。

离开电视台后,大大和小小一直想做一档素食节目。2015年,她们邀我合作拍摄《吃货觉醒》。这档自媒体科普短片一共拍了十集,围绕女性关心的热点展开。

因为拍摄费用中的5万元资金是众筹来的,她们逐一给出资较多的人寄明信片、签名照……这其中的工作量只有她们俩知道,我也只是飞到广州集中录制了3天而已。这档节目后期制作用了大量的动画合成技术,历时1年才完成。

从她们展现出的如此饱满的工作热情中,我看到了一对美丽利他的心灵,一对既保持开放又独立思考的灵魂。她们和我说,她们来到人间是一趟珍贵难得的生命旅程,不能只为了活着而活着,要做更多利益大众的事。

在巡讲的过程中,我有幸遇到很多和大大、小小一样的年轻人。从他们身上,我看到了未来的希望。同时,我也发现自己可以从他们那里学到太多的东西。

这本书记录了大大、小小决定接受素食后的心路历程和生活态度。这期间,我亲眼看着她们一步步的变化。我相信这本书一定会对您有所启发。

虽然素食只是开始,但却是重要的开始。因为在素食以前,真正的人生还没有找到方向,至少对于我是这样的。

推荐序二

黄俊鹏 著名演员

代表影视作品：
《人民的名义》饰演 陈海局长
《大军师司马懿之军师联盟》饰演 徐庶

认识大小素姐妹是在微博上。最早，我看她们是吃素的女孩子，长得清纯可爱，于是没有任何犹豫就加了她们的微博。仔细算来，我们已经认识有好几年了。我经常在微博上看到这姐妹俩分享自己做的素食，或者分享一些关于素食的生活理念。她们倡导的这种生活方式和我主张的是一样的。

在这个世界上，能够遇到吃纯素（vegan，注：不食肉、蛋、奶及五辛）的小伙伴，我感觉很开心，而且我身边也有越来越多的小伙伴开始尝试吃素食。但是也有很多人在吃素的过程中遇到一些问题，比如食素会不会不够营养？素食怎么搭配才更健康？遇到需要应酬的饭局该怎么办？等等。大小素姐妹俩几年来一直在践行纯素，她们还研究、制作各种素食，这真是太棒啦！

我太太是一个纯粹的素食主义者，我也是在和她一起生活后，才慢慢认识和了解素食的。在开始尝试吃素和喝茶一段时间后，我的身体逐渐感觉到了变化，嗅觉、味觉等都变得更灵敏了，我很自然地开始不吃肉，同时也不再吸烟、喝酒了。吃素之后，我逐渐了解到更多的素食文化。如素食是一种低碳环保的饮食方式，可以让我们这个世界的环境变得更好；又如素食可以让可爱的动物和我们人类一起快乐地生活在这个地球上，这也是我选择吃素的一个很重要的原因；再如素食可以让人的性情更温和，让心境更平和，是一种心灵环保的饮食方式。

在这本书里，大小素姐妹和大家分享如何吃素，吃素的过程中遇到的一些问题，以及她们从食素到开始制作素食心灵发生变化的过程。其实，本书记录的也是素食带给我们从身体到心灵的不断进化的过程。素食是新时代的需要，让我们更热爱这个地球上所有的生命，一起创造一个更和谐、更完美的世界。

看到了大小素姐妹在这本书里给更多的朋友分享关于素食的心路历程，我非常开心。对素食感到迷茫和不清楚为什么要吃素的朋友，或许可以在这本书中找到答案。希望大家能够通过这本书找到自己想要的生活。

推荐序三

Angie P. 小帕
Positiv Wellness 体能和赤足跑教练
《营男素女》一书作者
素食微电影编导

很多人都说物质和高文凭是人在社会上赖以生存的重要条件，读书、工作、结婚、生孩子是人生的必经之路，甚至面对身体健康问题时，也会默认遗传基因是造成问题的关键因素，个人努力很难改变这一切。

这不是能不能改变，而是我们想不想改变的问题。改写生命程序是需要勇气和智慧的。认识大小素这几年，感受最深的就是她们对生命程序的改写。

2013年，大大和小小带团队到香港拍素食美食节目，在那次机缘下我认识了她们。那时的她们，出门身上穿戴的几乎都是名牌，两姐妹处于一个需要万元手袋"护身"的状态。一年后，她们成为素食者，也离开了电视台。

后来，大大和小小突然消失了，偶尔约见面时，她们也是婉拒。但她们态度很好，不像是因为生气或不喜欢而不跟我们联络。因为很久没有见面，禁不住诸多揣测：她们为什么突然安静了下来？这样过了一年多，她们也没有跟我多说些什么，她们的朋友圈也只发一些食物照片而一直没有自己的照片。最后我们推出的结论是她们整容失败了。这个笑话后来经常被V Girls Club的各位拿出来大笑一番。

认识她们俩将近6年了，我不由得相信素食的威力，因为我这几年一直有看到她们的成长和改变。她们突然安静下来的那段时间其实是在沉淀，在学习，在蜕变。素食是一把钥匙，能带人去另一个层次、另一个空间。健康的素食饮食方式可以为人的身心灵创造更好的内外环境。我自己其实很幸运，通过素食，逆转了自身的癌症。通过一些机会，我跟许多朋友分享过这种更健康的生活方式，建议他们尝试素食，我自己也乐得收获那份分享的喜悦。跟大大和小小一起拍的素食公益片《Beyond 24-彼岸24》让许多人眼前一亮，也让他们对素食有了更好的理解。我们都是健康植物性饮食的践行者，吃什么对我们身心灵的成长都会有直接的影响。这本书里的100道素食食谱，将会让读者参与食物愉悦身心的过程，以及感受作者对生活的用心和觉性。

很荣幸有机会为这本非同凡响的素食书写序，希望大家细读后能够开启一道属于自己的门，尝试不一样的生活方式。

勇于探索自我，更新方程式。活得健康开心，一切从素食开始。

CONTENTS

第一年 "为何素食" + 营养搭配

目录

017	菠菜苹果果昔
018	豆豉炒腐皮尖椒
019	番茄冻豆腐
020	干煸杏鲍菇丝
021	红豆桂圆莲子糖水
022	黄芪木耳红枣羹
023	火龙果燕麦果昔
024	姬松茸淮山腰果汤
025	莲藕当归党参汤
026	莲藕香菇赤小豆祛湿汤
027	能量沙拉
028	酱烧嫩豆腐
031	烤麸炖白萝卜
032	蓝莓酸奶冰棍
034	馒头蔬菜塔
035	润肺雪梨茶
036	酸爽青芒片
037	甜菜根植物奶
038	咸香粥
039	香煎春卷
041	腌酸豆角
042	腌小青柠
043	凉拌菠菜
044	照烧杏鲍菇
049	紫苏千层饼
051	自制红油
052	三鲜大饺子

CONTENTS

第二年 「如何素食」+ 故事启发

目录

- 058 — 橙心橙意果酱
- 061 — 番薯拿铁
- 062 — 蝶豆花杯子诞糕
- 064 — 凤梨炒饭
- 065 — 干煸头菜干
- 068 — 黑椒汁意大利面
- 070 — 红酱意面盒子
- 072 — 黄金铺路
- 075 — 茴香冻豆腐包
- 079 — 极简风天妇罗
- 080 — 姜炒核桃
- 082 — 椒盐蟹味菇
- 083 — 凉拌魔芋丝结
- 085 — 焦糖玫瑰苹果派
- 086 — 芹菜面
- 088 — 热干面
- 090 — 纯素烧仙草
- 092 — 生食拉面
- 093 — 时蔬炒肠粉
- 095 — 素满分
- 097 — 素奶油诞糕杯
- 099 — 素肉手卷
- 100 — 速食泡菜
- 101 — 酸菜土豆片
- 105 — 小白咖喱面包
- 107 — 养生补气血茶饮
- 108 — 杂蔬咖喱
- 110 — 香蕉松饼

CONTENTS

第三年
"素食后我们收获了什么" + 用心生活

目录

页码	菜名
114	草莓面包卷
115	慈姑片
117	炒冰笋
121	番茄西葫芦贝壳面
123	番茄杂酱拌饭
124	风味西葫芦卷
127	黑椒豆腐煎饼
128	华夫饼
129	金汤豆腐
130	三色饺子
131	藕蓉南瓜豆沙丸
133	能量棒棒球
134	牛蒡饼姬松茸糙米炒饭
136	巧克力米糠
137	薯香门第
138	巧克力诞糕甜甜圈
140	水果木糠杯
142	味蕾小菜
143	五谷清新
145	五指毛桃节瓜汤
147	香椿炒饭
148	星空雪燕
152	燕麦巧克力礼盒
153	香草拌红薯
154	鹰嘴豆燕麦饼
156	余香素丝
159	奇雅子芒果果昔
160	椰子银耳汤
164	自制腐乳

CONTENTS

第四年 "轻奢文明的生活" + 素食聚餐

170	斑斓布丁
170	茶泡饭
171	煎南瓜
171	芥末酱海葡萄
174	藜麦油醋汁沙拉
177	柠檬蔓越莓玛芬
178	蔬果越南米卷
181	硕果串儿
184	凉拌鱼腥草
185	凉拌黄瓜
189	辣红火锅汤底
189	三合酱
189	胭脂子姜丝
193	青酱意面
195	酥脆番薯三色藜麦饼
197	椰菜花珍宝菇

目录

第 一 年
"为何素食" + 营养搭配

为何素食

有人说，
世界上最治愈的东西，
第一是美食，
第二才是文字。
那就借这本书来说说素食之美吧。
其实人生何尝不是一盘大餐呢？只有细心品尝，才能品出它的酸甜苦辣，会吃就会吃出健康，不会吃就徒增一身疾病。回想起几年前的我们，大学刚毕业，很顺利地进入电视台工作，选择做一档能到处吃喝玩乐的美食节目。当时我们抱着对美好生活的向往，工作积极又努力。两年后，我们身体的免疫力出现了问题，这给了我们很大的警醒：平时吃得"那么好"，难道都吃错了吗？

在2014年5月初的某天，清媚脸上的T字部位开始长痘痘，痘痘又红又大又痛。开始我们以为那只是普通的长痘，医生也说是内分泌失调所致，吃些药很快就会好的。可是时间一天天过去，情况并没有好转。这对于常常要主持出镜的清媚来说，无疑是很大的困扰，更是精神上的一种折磨。为了祛痘，她在时间、精力、金钱上投入了许多，每天都处在努力"战痘"的状态中。4个多月过去了，痘痘依然没有变化。

2014年8月中旬，清丽脚上长了一些肿块，去医院做了检查。8月27日，拿到检验报告后给医生看，医生说，清丽免疫力下降，得了血管炎。当时医生建议做活检手术，需要切下肿块化验，看有没有发生病变的可能。清丽不敢相信医生的话是对自己说的。当她再次请问医生的时候，医生说："现在的治疗方案一个是吃药，一个是做活检，赶紧选择吧，我后面还有很多病人在排队呢。"

最后清丽选择做活检手术。交完手术费，在人来人往的医院里，清丽坐在长长的椅子上，用纸巾紧紧捂住嘴巴，眼泪一颗颗地往下掉，清媚也只能陪在她身旁掉眼泪。外面的世界一切照旧，可是我们的世界好像快要停止了。

不知哭了多久，突然想起给父亲打电话。父亲是我们的顶梁柱，有他在，天总是不会塌下来的。于是，我们拨通了父亲的电话。

清丽尝试抑制住内心的恐惧和不安。

"爸，想跟您说个事。"

"嗯。"

"……爸爸有办法吗？"

停顿了一会儿，电话里传来深深的呼吸声。

"那听医生的吧。"

"好的。"

电话很快挂了。

我们的那个"天"塌了……

父亲对我们的爱犹如天一样，可是当面对病痛时，他也无能为力，他心里比我们更痛苦。不想让父母担心，我们渴望能有让自己恢复健康的方法，因为健康快乐对我们、对他们都很重要。

很感恩的是，2014年3月，我们曾跟随美国责任医师协会营养学专家徐嘉博士，到香港拍了三期素食节目。在香港拍摄时，我们采访了一些素食者，了解到素食带给他们生活的变化。例如：子宫内膜癌患者坚持6个月的素食，病情逆转了；糖尿病患者因素食停止打胰岛素，身体慢慢自愈；等等。那时，在我们看来，他们都非寻常之人。

当时，清丽也从徐嘉博士那里了解到病从口入。病既然是吃出来的，那能否通过吃再把健康找回来呢？于是，我们给自己三个月的时间食素，调理身体。就这样，清丽没有如约去做活检手术和吃药，清媚也选择另一种方式"战痘",我们开始了素食旅程。

那时,虽然我们同样是免疫力的问题,但病症不一样,清丽是脚上长了肿块,而清媚是满脸痘痘,一个脚一个头,双胞胎连生病也都这么有默契,实在让人哭笑不得。

一开始我们吃得很疯狂,因为急于求成,把素食当成了特效药。起初我们尝试生食,据说未经高温烹饪的蔬果营养价值更高,排毒的速度也会更快。几天时间,清媚反应很明显,痘痘长得更凶,脸也越来越浮肿。请问博士之后才知道,这是排毒反应,身体有反应是好的,最怕身体不灵敏、没反应。紧接着,清媚的脸色变得蜡黄,看上去很不健康。去看医生,医生问:"以前肝有过问题吗?"清媚被问呆了,心里的委屈和恐惧一齐涌上来。后来找到原因,原来是每天喝甜菜根汁和胡萝卜汁造成的,由于自身的消化系统不是特别好,所以导致脸部上色。在博士的建议下,我们停了一周的蔬果汁,清媚蜡黄的肤色开始好转。

素食一个星期后,清丽脚上的肿块已经消肿了。去做复查,医生很好奇,他也解释不了为什么清丽好得这么快,但清丽确实感受到了自己身体的变化。那一刻,清丽坚信素食是适合自己的,而清媚看到清丽笃定的眼神也信心倍增。就这样,我们姐妹俩一直坚持素食到现在,从未间断过。

素食半年后,清媚的痘痘开始好转了,她兴奋地大叫:"终于熬出头了!"家里沉重的气氛开始散去。痛苦过后,我们又看到了希望。

干净整洁的环境会让身体感觉舒服,
心住在身体这所房子里,亦需要干净整洁。
从素食开始,清扫身体这所房子吧。

菠菜苹果果昔

原料

菠菜…10片
苹果…200g
过滤水…适量
装饰:菠菜嫩叶

制作步骤

① 菠菜洗净;苹果洗净,削皮去核,切成块。

② 将菠菜、苹果块和过滤水放入料理机中,打至绵密。

③ 倒入杯中,插入事先拣出的菠菜嫩叶,即可享用。

有时候由于我们担心事情做得不够好,而不敢轻易触碰、尝试,甚至升起依赖思想,变得被动。我们应该学会既能做绿叶的自在,也能做红花的勇气。

豆豉炒腐皮尖椒

原料	
红椒…130g	玉米油…适量
青椒…130g	盐…适量
姜…40g	酱油…适量
豆豉…30g	

制作步骤

① 姜洗净,切丝;红椒、青椒洗净,切小段。

② 用玉米油爆香姜丝,加入豆豉炒香,放入青椒、红椒,中火煎至两面金黄,加入盐和酱油翻炒至熟,便可盛出享用。

食材、火候、技术要不断实践和摸索,也要多向他人请教,"三人行必有我师焉"。

番茄冻豆腐

原料	
豆腐…300g	酱油…适量
新鲜番茄…250g	红糖…适量
番茄酱…30g	盐…适量
干香菇…适量	植物油…适量

制作步骤

① 提前一天将新鲜的豆腐用水洗净,沥干水分,用保鲜袋装好,放进冰箱急冻成硬块。

② 烹饪前几个小时将冻豆腐拿出来完全解冻,挤干水分,切成小正方块。将冻豆腐块放入干锅,用中小火将水分炒干,再加植物油翻炒至两面金黄,加入盐和酱油继续翻炒均匀,盛出备用。

③ 干香菇用过滤水泡软,挤干水分,切片,放入干锅,用中小火炒干水分,再加植物油翻炒至两面金黄,调入酱油,盛出备用。

④ 新鲜番茄洗净,去皮去蒂,切成小块,入锅用植物油翻炒,调入酱油、红糖、盐,再加入番茄酱,最后放入炒好的冻豆腐和香菇,翻炒均匀,便可盛出享用。

干煸杏鲍菇丝

原料

杏鲍菇（中等大小）…1根
胡萝卜…适量
素蚝油…适量
酱油…适量
玉米油…适量
花椒油…适量
芝麻油…适量
盐…适量

制作步骤

① 将杏鲍菇表面脏的地方刮掉，用手将杏鲍菇撕成丝条状，备用。

② 将杏鲍菇放入干锅，用小火炒干水分，倒入玉米油大火爆炒，加入酱油、素蚝油、花椒油、芝麻油翻炒至香，盛出备用。

③ 将胡萝卜洗净削皮，擦成丝，用玉米油爆香，加入适量的盐翻炒，最后放入炒好的杏鲍菇丝，翻炒均匀，便可盛出享用。

红豆桂圆莲子糖水

原料

红豆…200g	红枣（去核后）…30g
莲子…50g	10年陈皮…3~5g
桂圆…20g	过滤水…适量
姜片…30g	红糖…适量

制作步骤

① 红豆、莲子洗净；桂圆洗净，去核；红枣洗净，去核，对半切开。

② 将所有食材放进砂锅，大火烧开，转中小火炖2个小时。享用前可依据个人口味加入红糖。

健康的美食是生活中的一种治愈品,它给我们带来乐趣和安慰。

黄芪木耳红枣羹

原料

新鲜木耳…200g
红枣…100g
红糖…20g

黄芪水原料

黄芪…50g
小黄姜…15g
过滤水…1000g

制作步骤

① 小黄姜洗净,切片;黄芪洗净。锅内放入过滤水、小黄姜片和黄芪,用大火煮开,再转小火煮15分钟,将黄芪水煮好备用。

② 红枣去核;用黄芪水煮新鲜木耳、去核红枣和红糖,大约10分钟。

③ 煮开后将所有食材连汤汁一起倒进料理机,打至绵密便可盛出享用。

什么才是正确的饮食?
健康是饮食选择的导向。健康是指身心灵的健康,心灵的健康影响身体的健康,身体的健康也会影响心灵的健康。

火龙果燕麦果昔

原料
火龙果(红肉)…180g
即食燕麦片…20g
香蕉…1根
装饰:熟燕麦片、纯素巧克力币

制作步骤

① 将火龙果去果皮,香蕉去果皮,备用。

② 将所有食材加入料理机,打至绵密。

③ 找一个干净的大小合适的罐子,倒入果昔,并在罐口辅以巧克力币和熟燕麦片装饰。

姬松茸淮山腰果汤

原料

姬松茸…5~6个
淮山…200g
生腰果…10个
无核桂圆…10个
玉米…1根
生姜…适量
过滤水…1000~1500g
盐…适量

慢火炖,在慢中积聚能量。

制作步骤

① 姬松茸洗净,用过滤水泡30分钟。

② 淮山洗净削皮,切成小圆块;玉米切成小半圆形;生姜洗净,削皮,切成片,备用。

③ 将姬松茸、生腰果、无核桂圆、玉米块、姜片、淮山、过滤水一起倒进砂锅内,大火煮开转中小火炖50分钟,根据个人口味调入盐便可盛出享用。

莲藕当归党参汤

原料

当归…5g
党参…20g
小黄姜…适量
红枣…6～7个
莲藕…200g
过滤水…1500g
盐…适量

我们通过食物给身体补充能量,心呢?也要常常记得给它补充能量哦。

制作步骤

① 莲藕洗净,切成小块;小黄姜洗净,切成片;当归冲洗一下;党参洗净,剪成小段,尺寸大概2cm。

② 将所有食材放进砂锅里,大火煮开,转小火熬2个小时,根据个人口味调入适量盐即可享用。

把身体不健康的绊脚石化为垫脚石,
将受难变为重生。

莲藕香菇赤小豆祛湿汤

原料	
莲藕…830g	姜…适量
香菇…5 个	过滤水…1500g
赤小豆…15g	玉米油…适量
薏米…15g	酱油…适量
陈皮…适量	盐…适量

制作步骤

① 将香菇洗净,用温水泡软,挤干水分,在香菇表面切出十字花,放入干锅将水分炒干,倒入玉米油炒香,加入适量酱油翻炒一会儿,盛出备用。

② 莲藕洗净,削皮切成小块,用玉米油翻炒至香,加入少许盐,再翻炒一会儿,盛出备用。

③ 姜洗净,削皮切片;赤小豆、薏米、陈皮洗净。

④ 将所有食材放进电压锅里自动煮开,根据个人口味加盐便可享用。

能量沙拉

原料

藜麦…20g	菇娘…2颗
过滤水…20g	黑加仑果干…适量
蝴蝶面…100g	凤梨醋（无酒精）…适量
生菜…3片	葡萄籽油…适量
花菜…35g	盐…1/2勺
胡萝卜…30g	甜菜糖…适量
四季豆…适量	植物油…适量
草莓…3颗	

制作步骤

① 藜麦先泡两个小时以上，加过滤水，放点盐蒸熟；沸水放盐，将蝴蝶面煮熟，备用。

② 生菜洗净切丝；胡萝卜洗净削皮，切细丁，用植物油翻炒至熟，加入适量的盐，出锅备用；花菜洗净，切小块，用沸水焯熟；四季豆洗净，斜切成细条状，放植物油炒熟，加盐调味，翻炒均匀后盛出备用。

③ 将以上食材混在一起搅拌均匀，将凤梨醋、葡萄籽油、盐、糖放在一个碗里搅拌均匀，淋在以上食材里。

④ 草莓对半切开，和菇娘一起放在沙拉上，最后撒点黑加仑果干，便可享用。

不同的锅，有不同的用法；不同的用法，也会影响锅的使用寿命。

平时喜好用麦饭石不粘锅，它导热性好，炒菜一般用中小火，用软的锅铲就可以了。清洗锅之前要先将锅放凉，避免不粘涂层过早脱落而影响其使用寿命。

爱，就是了解。

酱烧嫩豆腐

原料

嫩豆腐…400g
干香菇…40g
大豆蛋白丝（未泡发）[1]…50g
芹菜…适量
红椒…适量
姜…适量
黄豆酱…22.5g

豆瓣酱…7g
酱油…适量
岩盐…适量
生粉…适量
植物油…适量
过滤水…适量

制作步骤

① 将嫩豆腐切成小正方块；干香菇、大豆蛋白丝用过滤水泡开，分别切成细丁；芹菜、红椒洗净，切成细丁；姜切成末，备用。

② 将香菇丁放入干锅炒干水分，把炒干的香菇拨到一旁，在锅内倒入植物油，将少许姜末用小火炒香，再与香菇丁混合小火翻炒，放酱油调味，盛出备用。

③ 将大豆蛋白丝放入干锅炒至泛金黄色，放少许岩盐，再倒入植物油翻炒一会儿，放入酱油小火翻炒至香，盛出备用。

④ 在调料碗里加生粉和过滤水，搅拌均匀，备用。锅里放植物油爆香剩余姜末，再倒进黄豆酱、豆瓣酱炒香，倒入生粉水熬煮至沸腾，将所有食材倒进锅里熬煮一会儿，收汁后即可盛出享用。

---

[1] 大豆蛋白丝/大豆蛋白片：又称"素肉片"、植物蛋白片，属于高蛋白豆制品，具有类似肌肉纤维质感的纤维状植物蛋白。

爱出者爱返，福往者福来。

烤麸炖白萝卜

原料		
干烤麸[1]…250g	姜片…适量	芝麻油…15ml
白萝卜…1000g	八角…1 颗	花椒油…15ml
干香菇…10 个	素鲍鱼汁…45ml	岩盐…适量
红椒…适量	酱油…30ml	玉米油…适量
青椒…适量	生粉…10g	过滤水…150g

制作步骤

① 干烤麸用过滤水提前浸泡一晚，泡软后轻轻挤干水分，切成小块，放入干锅炒干水分，倒入玉米油翻炒至金黄，倒入适量的酱油翻炒至香，盛出备用。

② 白萝卜削皮，切成小滚刀块（白萝卜块的大小尽量与烤麸块相同）；热锅中放进姜片、八角和白萝卜一起干炒，炒干水分后，放入玉米油，亦翻炒至金黄，盛出备用。

③ 干香菇用过滤水泡软后挤干水分，并于表面切出十字花，放入干锅炒干水分，将其拨到一边，倒入玉米油，爆香姜片，再与香菇炒匀，加入酱油，盛出备用。

④ 将素鲍鱼汁、酱油、花椒油、芝麻油、岩盐、生粉、150g过滤水调成酱汁。在锅里依次放入白萝卜、香菇、烤麸，缓慢倒进调好的酱汁，盖上锅盖大火煮开后，转小火焖煮20分钟左右（期间需要翻一下，以免粘锅）。

⑤ 红椒、青椒切成小块，用玉米油略炒一下，加入岩盐；把处理好的青红椒点缀在烤麸炖白萝卜中。

---

1 烤麸：以生面筋为原料，经保温、发酵、高温蒸制而成，口感松软有弹性，是常见的素食食材，也是江浙菜品里最常见的"四喜烤麸"的原料。

雪藏也是一种沉淀，厚积而薄发。

蓝莓酸奶冰棍

冰冻酸奶原料	蓝莓酱原料
生腰果…100g	蓝莓…50g
龙舌兰糖浆…60g	斑点香蕉…1/3 根
椰子油…40g	柠檬汁…5ml
柠檬汁…45ml	
过滤水…100g	

7 根

制作步骤

① 将生腰果用过滤水泡2个小时以上，浸泡的过滤水倒掉，然后将生腰果与100g过滤水、龙舌兰糖浆、椰子油、柠檬汁一起加入料理机，搅打成细腻的生腰果酸奶，倒出备用。

② 蓝莓洗净，香蕉去皮，将蓝莓（留几粒备用）、香蕉与柠檬汁一起倒进料理机中打成酱，将蓝莓酱倒进已做好的生腰果酸奶里稍微搅拌一下，备用。

③ 拿出冰棍模具，装上冰棍木条，放入预留的蓝莓粒，再将搅拌好的蓝莓酱酸奶倒进模具中，放进冰箱冷冻室，冻3～4个小时便可拿出享用。

智足常乐。

我们将学到的知识落实下去，才能常常感到快乐。

馒头蔬菜塔

原料	
馒头…3~4个	酱油…适量
干香菇…3~4个	盐…适量
绿豆芽…20g	芝麻油…适量
胡萝卜…50g	玉米油…适量
卷心菜…50g	

3~4个

制作步骤

① 绿豆芽洗净，沥干水，备用；干香菇用过滤水完全泡软，挤干水后切成细片条，放入干锅将水分炒干，倒入玉米油炒香，调入酱油翻炒，盛出备用。

② 卷心菜洗净，切成细丝，用玉米油炒香，加入适量的盐调味，继续翻炒至七八分熟，盛出备用。

③ 胡萝卜洗净削皮，刨成丝，用玉米油炒香，加入适量的盐、酱油翻炒均匀；将之前处理的食材全部倒入混合翻炒，稍后盛出备用。

④ 将馒头切成厚度均匀的三片，放入干锅焙一下；在馒头片铺上适量炒好的蔬菜，依次叠加便可。

处暑时节,秋阳肆虐,很多人都会感到口干舌燥。这个时候,我们可以动手煮一道保健茶饮,它具有养阴清燥、润肺止咳的功效。中医认为,春生夏长,秋收冬藏,所以进入秋季后,人体机能也进入一个沉降阶段。建议此时早起早睡,适当地做一些平缓的运动,及时补充水分。

润肺雪梨茶

原料

麦冬…15g	红枣…7g	过滤水…500g
桑叶…2g	雪梨…200g	冰糖…适量
杏仁…5g		

制作步骤

① 麦冬、桑叶、杏仁、红枣洗净;红枣去核,切块;雪梨洗净削皮,切成块。

② 将所有食材一起放入烧水壶中,水煮开后关火再闷10分钟便可饮用。

酸爽青芒片

原料

| 青芒果…1个 | 甜菜糖…适量 |

制作步骤

将青芒果洗净削皮，果肉部分削成薄片，加入甜菜糖，搅拌均匀，腌渍10分钟便可享用。

芒果的果语是专一。
一生又一世，一心做一事，
任凭岁月过，吾心还依旧。

甜菜根植物奶

原料

新鲜甜菜根…20g
豆奶（含糖）…200g
安曼红苗…适量

制作步骤

将新鲜甜菜根洗净削皮后切成块，和豆奶一起倒进料理机中，搅拌均匀便可饮用。可用安曼红苗放入杯中装饰。

你将受邀摄取天然食物，为你的身心带来活力与精神。

注：也可以选择任何一款你喜欢的蔬菜水果与豆奶搭配。

咸香粥

制作步骤

① 上海青洗净,切碎,备用。

② 干香菇洗净,用过滤水完全泡软,挤干水分,切成丁,放入干锅炒干水分,再倒入植物油炒香,调入酱油翻炒后盛出备用。

③ 大豆蛋白片用过滤水泡软,挤干水分,放入干锅炒干水分,再倒入植物油翻炒至两面金黄,调入酱油,盛出备用。

④ 胡萝卜洗净去皮,切成丁,放植物油炒熟,加入盐翻炒均匀,盛出备用。

⑤ 花生加适量过滤水(水没过花生),用电压锅煮熟,捞出沥干水,备用。

⑥ 米洗净,倒入砂锅,加入3000g过滤水煮。米快煮熟时,将所有食材倒进去稍微煮一下,加盐调味后便可享用。

原料	
米…300g	大豆蛋白片…50g
过滤水…3000g	花生…50g(可加可不加)
上海青…50g	植物油…适量
干香菇…30g	酱油…适量
胡萝卜…100g	盐…适量

不显山,不露水;不锋芒,不张扬。

香煎春卷

原料	
春卷皮…1袋(200g)	酱油…适量
苹果…1个	生粉…适量
大豆蛋白片…30g	芝麻油…适量
黄瓜…1根	盐…适量
香菜梗…适量	玉米油…适量

制作步骤

① 大豆蛋白片用过滤水泡软,挤干水分,切成细条状,加入芝麻油、盐、酱油、生粉搅拌均匀,腌渍20分钟,用玉米油煎至两面金黄,盛出备用。

② 黄瓜、苹果洗净削皮,切成条状,备用;香菜梗用热水稍微过一下,放凉。

③ 取出一张春卷皮,将大豆蛋白条、苹果条、黄瓜条放在春卷皮的中下方,把四周的春卷皮分别往里折,慢慢从下往上卷起;用油稍微煎至两面金黄,再用香菜梗在煎好的春卷中间系住,装盘便可享用。

慢工出细活,欲速则不达。

烹饪是这样,面团要醒面,豆腐要磨豆,腐乳要发酵。

做人做事也是一样,脚踏实地,慢中求细,慢中求精,时间是最好的安排。

腌酸豆角

原料

豆角…360g　　黄冰糖…300g
芥菜…610g　　盐…60g
红椒…134g　　水…4000g
青椒…85g

制作步骤

① 豆角洗净，将两端剪掉；青椒、红椒洗净去蒂；芥菜洗净；将所有食材晾干至无水滴。

② 在蔬菜晾干的同时，取一只带盖的玻璃坛进行消毒。先烧一锅沸水（水量最好够装满玻璃坛），锅内不能有油或其他的污渍；洗净玻璃坛；将沸水倒入玻璃坛，然后再倒掉；玻璃坛倒立，沥干，不可有水滴。

③ 蔬菜晾干、玻璃坛沥干后（蔬菜晾干时间要根据天气而定，通常1~2天），锅里倒水煮开，放入已晾干的芥菜，烫约5秒后捞起，放在干净的盘里备用（此过水步骤是为了让芥菜能更快变黄）；紧接着在沸水里放入盐和黄冰糖，溶化，等水凉透，这就是腌酸水了。

④ 洗干净手和所用的器皿，并保持干爽。玻璃坛里依次摆入芥菜、豆角、青椒、红椒，倒入放凉的腌酸水，水没过食材即可。

⑤ 食材放好后，盖上玻璃盖，盖子边缘倒入凉开水（为隔开空气）。7天后就可以开坛食用了。

注意事项

ⓐ 开坛取腌酸菜时，必须用无油无水干爽的工具，防止腌酸水和腌酸菜变质。

ⓑ 腌酸水可重复腌2~3次，原料洗净沥干便可放入坛里，手要保持干爽。

ⓒ 腌酸水变浑浊就不能再使用了。

ⓓ 盖子边缘的凉开水变少时，要及时补加。

果子生,不适口。
人生亦有很多事情急不来,
得等它自己成熟。

腌小青柠

原料
青柠…适量
盐…适量
冰糖…适量

制作步骤

① 青柠洗净,晾干,放入干净的容器里,加盐、冰糖,盖上盖子,拧紧,放进冰箱。一般需要放3个月,腌渍的小青柠才会变软变黄。

② 腌好的小青柠可以捣碎果肉,放点酱油当蘸酱,也可以用来炒菜。

注:图片中的小青柠已经腌了一年了。如果你喜欢甜味,可以多放冰糖;如果喜欢咸味,可以多放盐。

凉拌菠菜

原料

菠菜…400g	酱油…适量
熟松子…适量	花椒油…适量
芝麻酱…适量	芝麻油…适量

制作步骤

① 将菠菜洗净，摘成一根一根的，沥干水，备用。

② 将菠菜放进沸水中烫大概40秒捞出，放在凉开水里过一下，捞出，轻轻挤干水，备用。

③ 在碗里加入芝麻油、花椒油、酱油、芝麻酱，拌匀调好芝麻酱；将烫好的菠菜用圆形模具整形，撒些熟松子，淋上芝麻酱，便可享用。

如果你安静下来，就会听到内在的呼唤。当我们在繁杂的环境中时，很难聆听到内心的声音。

点亮自己亦照亮别人。
何其自性，本自具足。
原本的我们就是光明的，
只是尘劳暂时遮蔽了自性而已。
时时勤拂拭，
勿使惹尘埃。

照烧杏鲍菇

原料

杏鲍菇（粗）…1根　　花椒油…8g
海苔…适量　　　　　　芝麻油…5g
姜…10g　　　　　　　生粉…8g
酱油…20g　　　　　　水…150g
素蚝油…10g　　　　　玉米油…适量

制作步骤

① 先将杏鲍菇表面的脏东西刮掉，切成片，每片杏鲍菇的大小约是手掌的三分之二，在每片的其中一面上切花刀。

② 海苔宽度是每片杏鲍菇的三分之一，长度能绕杏鲍菇一圈便可，每一片杏鲍菇中间位置裹上一圈海苔备用。

③ 锅置火上，开中小火，倒入玉米油，将海苔杏鲍菇煎至两面金黄，加入少许酱油，盛出备用。

④ 将酱油、素蚝油、水、生粉、花椒油、芝麻油倒入碗内，搅拌均匀成酱汁，备用。

⑤ 姜切成姜末，取一小部分用玉米油爆香，再放入海苔杏鲍菇和调好的酱汁大火焖至收汁后盛出摆盘，最后撒些姜末便可享用。

紫苏千层饼

原料	
紫苏叶…80g	热水…750g
普通面粉…1050g	植物油…适量
手粉…适量(防粘用的面粉,可以是普通面粉)	岩盐…30g

10 张饼,150 克 / 张

紫苏制作步骤

将紫苏叶洗净,切碎,放岩盐;植物油烧热后倒入紫苏叶碎中,搅拌均匀,备用。

千层饼制作步骤

① 先称出700g普通面粉、700g热水(面粉与水比例为1∶1),一边加热水一边和面,揉至无干粉。

② 待面团冷却些,再倒入350g干面粉,和匀,用保鲜膜封好,静置2个小时(天气较热时,醒面时间可适当缩小,1小时左右即可)。

③ 面团醒好后,分割成150g的小面团(一个饼的量)若干,分别将小面团用擀面棍均匀擀平,备用。擀面皮的过程中,不时在案板上撒点手粉,防止面团粘案板。

④ 在擀平的面皮上均匀涂上紫苏,撒少许手粉。

⑤ 将涂好紫苏的面皮卷起来,用擀面棍将面团均匀擀平。擀平的过程中,经常在案板上撒点手粉,防止面皮粘案板。

⑥ 擀平后再次将面皮卷起成团,将面团立起,用手掌压扁面团,再一次将压扁的面团均匀擀平。用植物油将擀好的面饼煎至两面金黄,便可品尝。

烹饪，
就是把不同的食材调和在一起，呈现百味。
生活也是如此。
过去的生活，
更多的是活在自己的世界和意识里，
和身边的人没有太多的交集，
对身边的人没有伤害，也没有关爱，
以为这样的自己是理性的。
后来才明白，
原来真正的理性是热情，是有爱，
是通达人情世故的。

自制红油

原料	
辣椒粉…100g	熟白芝麻…适量
玉米油…500g	盐…适量
五香粉…8g	蔬菜味精…适量
十三香…7g	

制作步骤

将辣椒粉、十三香、五香粉、盐、蔬菜味精、熟白芝麻装在一个无水耐热的碗里拌匀,玉米油烧热,缓缓倒入碗内,边倒边拌,让热油与辣椒粉充分接触,放凉可装瓶。

注意事项

ⓐ 将玉米油烧热到一定程度后,可以先舀少许,浇到辣椒粉上试一下温度。如果温度过高就把火关掉,缓一缓,再浇油。

ⓑ 玉米油如果太少,会被辣椒粉吸干,红油就比较少。

ⓒ 当油温合适的时候,可以把火调到最小,继续加热,边浇油边搅拌。油温过高易烧焦辣椒粉。若浇油时感到油温不够高,辣椒粉的香气没出来,可将油再加热一会儿。

三鲜大饺子

饺子皮原料	馅料原料	
普通面粉…750g	西葫芦…500g	花椒粉…适量
温水…375g	胡萝卜…120g	花椒油…适量
酵母…4g	干香菇…50g	芝麻油…适量
	姜末…20g	酱油…适量
	植物油…适量	盐…适量

馅料制作过程

① 干香菇洗净用过滤水完全泡软,切细丁,干锅将香菇丁的水分炒干,倒进植物油、姜末、酱油,搅拌均匀,盛出备用。

② 胡萝卜洗净削皮,切细丁,用植物油爆炒,根据个人口味加盐,盛出备用。

③ 西葫芦洗净,切丁,锅内倒油爆炒姜末,倒进西葫芦丁翻炒至熟,加盐,盛出备用。

④ 将以上食材全部倒入锅内翻炒均匀,再加入花椒粉、花椒油、酱油、芝麻油调味,出锅备用。

发面步骤

① 拿一只碗放入温水和酵母,静置5分钟,搅拌均匀成酵母液。

② 用另一个碗盛放普通面粉,倒进酵母液,将面和均匀,盖上湿布或者保鲜膜醒1个小时,面团醒发至两倍大时取出,揉至面团表面光滑。如果面团偏湿,可加入适量的干面粉和至光滑。

③ 称出每个40g的小剂子,擀成圆形饺子皮,将炒好的馅料放在饺子皮中间位置,包成月牙形。

④ 包好的大饺子放满锅中,倒入少量植物油,再加少许过滤水后加盖,用中小火煎至饺子底部焦黄,再加入过滤水至包子约1/3的高度,转中火加热至锅内水分完全收干时,转小火继续加热约两分钟即可关火上桌。

第二年
"如何素食" + 故事启发

如何素食

托马斯·凯勒说过，
食谱本身并没有灵魂，
不过作为厨师，
你要想办法给它创造一个灵魂。
我们虽然不是专业的厨师，
但我们期待我们所烹饪的食物，
能够开启你对素食的全新认知。
这个时代不是一个缺乏营养的时代，
而是营养过剩的时代。

提到素食，很多人首先想到的是，它够营养吗？

没吃素食前，我们每天都生活在各种美食当中，还常常因以为这就是一种美好的生活而沾沾自喜。但当疾病来敲门的时候，才发现自己对营养完全不了解。

人体所需的八大营养素：水、蛋白质、脂肪、碳水化合物、维生素、矿物质、纤维素、植化素，植物里都有。

另外，植物里的植物营养素可以减少人体的发炎隐患，帮助人体排毒，提升代谢食物的效率，强化免疫机能，还含有强效抗氧化物质，可以防止身体过早老化、思维迟钝等。

那在蔬果谷类当中，该如何摄取营养才能让饮食更均衡呢？

例如，多吃大豆或其他豆类、五谷杂粮和豆制品等可以补充蛋白质；脂肪可以通过吃生坚果等来摄取；补充维生素和矿物质，可以多吃糙米、绿色蔬菜、坚果、水果，还可以吃些海底的植物，如海藻、海带等。所有的谷豆蔬果都含有这八大营养素，只是有些含量相对少一点，有些含量相对多一点。素食饮食中，谷豆蔬果的搭配比例为1：1：1：1就可以了。

另外，素食者如果不晒太阳，或者很少有机会晒太阳，可以适当补充维生素D（须购买纯素的维生素D，因为有些维生素D是由羊毛脂提取的），经常晒太阳的就不需要额外补充维生素D了。还有的素食者需要补充维生素B_{12}（可到药店购买）。

刚开始吃素时，我们也容易感到饿，请问了徐嘉博士，才了解到：素食是高纤低脂的饮食，肉食是高脂低纤的饮食，素食的热量密度天然小于肉食（除非吃大量的油脂）。所以我们需要摄入比吃的肉更大体积的食物才能满足我们身体的基本需求。假若以前吃一碗饭，吃素后还吃一碗饭自然就不够了。所以除了要吃饱，还要多餐，保证满足热量和营养的需求。经过一段时间后身体会慢慢适应，就不会那么容易饿了，食量也会适当减少。以前出门，我们包里装的都是时尚配件、化妆品，现在身边随时备些健康天然的干粮和零食等，饿了就吃。

饮食习惯改变了，身体内部也需要做调整，就好像我们换了一个新的工作环境，也是需要一段时间重新适应的。相信自己，相信它只是一个过程，在提升健康意识的同时，享受食物带给我们的喜悦和活力。纯粹简单的饮食方式，让我们深深地感受到没有什么比善待自己更重要的了。

在更深的层面，我们也有了意外的收获。

在吃素的过程中，我们的情绪和心态也跟着发生了改变，比如，我们明显感觉比以前少了一点"火气"和急躁。

有一次看到一则新闻：哺乳期的妈妈与先生吵架后，在生气郁闷的状态下给宝宝喂奶，最后竟然导致宝宝死亡！原来，妈妈生气时的身体会产生一种毒素，这种毒素通过母乳直接喂养给宝宝，最后……

有一本书叫《水知道答案》，书中介

绍，对水说美好的言语，水的结晶就会很漂亮；对水说不善的言语，它的结晶就会变得丑陋。气息、能量和情绪都可以通过人、事、物、境进行间接传递和直接传递。当自身不断吃进带有愤怒、恐惧等情绪的食物时，身体就会吸收食物给我们带来的这些能量和情绪。我们的健康与我们吃进的食物息息相关。

身体可以通过摄入含有膳食纤维的食物，将体内的垃圾不断往外排，而且在这个过程中，每个人的身体反应都会不同。平时不太长痘痘的清丽，素食后脸上也开始长痘痘，情况不亚于清媚。直到那个时候我们才意识到，以前吃了多少不适合自己的食物。现在改变饮食，就可以停止对自己的伤害。当身体得到很好的调整之后，心情、容颜自然就越来越好了。原来，素食是一种可以由内而外进行调理的天然"化妆品和护肤品"。

一些权威的营养专家也告诉我们：其实每个人内在都拥有一个很好的医生，那就是我们自身的自愈能力。在没有获得先进的营养知识前，我们不敢相信自身还有种能力叫自愈能力。你有没有想过，现在医院的设备越来越高级，病人却也越来越多，为什么？根源在哪儿？找到源头，正确地饮食，恢复自身本来的能力。大自然设计的人这台"仪器"是很精密的，对这台"精密仪器"我们究竟开发了多少，又了解多少？从我们素食后，才开始学会真正地开发它、使用它、爱护它。

素食一定能治病吗？当然不一定，但素食可以先停止自我伤害，让本有的自愈能力来疗愈我们自己。过去的我们忽视自愈的潜能，把身体健康全交给医生。而真正的食物会将生活的原貌归还给我们，使我们的身体更有活力，更轻盈，体重也会自然地调整到更平衡的状态，远离许多慢性病，心情也会越来越好，越来越有清明的意识。

当然不是每个人都会经历我们这样的过程。或许借由这样的机缘，让我们开始了解如何更好地爱自己，或许也借由我们，让更多想要了解的人看到，素食也可以是一种全新的饮食和生活方式。

橙心橙意果酱

原料	
橙子果肉…900g	古法冰糖…350g
柠檬汁…110g	甜菜糖…65g

3～4瓶，150克/瓶

制作步骤

① 将橙子去皮，除干净白络去苦味，去籽，果肉切成小块，放进料理机里搅打，打成有颗粒的果浆口感更好，备用。

② 将甜菜糖、古法冰糖、橙子果浆、柠檬汁放进锅里大火熬煮，烧开后转中火，熬煮过程中不断搅拌，以免粘锅。煮至浓缩凝结状，大概需要30分钟。放凉后装进容器中，置于冰箱冷藏可保存3～5天。做好的橙子酱可以涂在面包上，也可以兑水喝。

番薯拿铁

原料

红薯…100g
豆乳…240g
肉桂粉…适量
生食可可豆或黑加仑果干…适量

制作步骤

① 将红薯洗净削皮，切成块放入蒸锅里蒸熟。

② 将蒸熟的红薯、肉桂粉、豆乳加入料理机中进行搅拌。

③ 搅拌好的拿铁倒入杯中，撒些生食可可豆或黑加仑果干，即可享用。

蝶豆花杯子诞糕

蝶豆花原料	干性原料	湿性原料
蝶豆花[1]…2g	低筋面粉…180g	低糖豆浆粉…30g
热水…40g	泡打粉…5g	温水…45g
	盐…2.5g	玉米油…50g
	无糖椰子粉…32g	甜菜糖…80g
		苹果醋(无酒精)…8g

[1] 蝶豆花:也称为蓝蝴蝶,是富含花青素的花茶。冲泡的水温80~90℃,温度过高会影响花的功效。

蛹 与 蝴 蝶

一只蛹看着蝴蝶在花丛中飞舞,非常羡慕:"我可以和你一样飞翔吗?"

可以。但是,你得做到两点:

第一,你渴望飞翔;

第二,你有脱离你那巢穴的勇气。

蛹说:"这不是意味着死亡?"

蝴蝶说:"以蛹来说,你已经死亡;以蝴蝶来说,你获得了新生。"

素食后,很多朋友以为我们放下或失去很多很多。

我们想说:这不是放下也不是失去,而是升级和重生。

9~10个,40克/个

制作步骤

① 将蝶豆花用85~90℃热水冲泡,静置几分钟,取出蝶豆花,剩下蝶豆花茶,备用。

② 将泡好的蝶豆花茶与低糖豆浆粉完全混合,加入温水搅拌均匀,再加入甜菜糖、玉米油搅拌,备用。

③ 将低筋面粉、泡打粉、无糖椰子粉过筛,加入盐搅拌均匀,备用。

④ 将蝶豆花豆浆与过筛后的粉类混合,搅拌均匀,最后加入苹果醋快速轻拌至无干粉。

⑤ 将面糊倒进模具中,震动一下模具,将面糊里的空气排出。

⑥ 烤箱调至上下火200℃,预热10分钟,将面糊放进烤箱,烤15分钟左右。如果诞糕底部上色较深,可提前关底火。烤至熟透,放凉品尝(每台烤箱的性能不一样,根据实际情况调整烤箱温度及烘烤时间)。

凤梨炒饭

原料

米…280g
过滤水…280g
凤梨…1个
大豆蛋白片…4片
胡萝卜…1根
玉米…1根
青豆…适量
岩盐…适量
酱油…适量
植物油…适量

制作步骤

① 用电饭煲煮饭，过滤水和米的比例为1：1，米饭煮熟后，搅拌放凉。

② 将青豆和玉米剥粒，青豆用沸水焯一下，变绿立即捞起沥干。玉米和青豆用植物油炒一下，放岩盐调味，盛出备用。

③ 将大豆蛋白片用过滤水完全泡软后，轻轻挤干水，切成小丁；放入干锅将大豆蛋白丁炒干水分，倒植物油翻炒，调入酱油炒至泛金黄色，盛出备用。

④ 将胡萝卜洗净削皮，切成小细丁，用热植物油爆炒，放岩盐调味，盛出备用。

⑤ 在凤梨的1/3处纵向切开，用小刀轻轻刮出一个长方形，再用小勺子挖出果肉，果肉切成粒，用盐水泡15分钟以上（防止吃起来嘴会麻），再用热植物油爆炒至香，出锅备用。（注：炒凤梨会出水，将汁保留，炒饭时可用。不同产地的凤梨也会使炒饭味道大不一样。）

⑥ 用热植物油把米饭翻炒一下，加入酱油和岩盐，最后加入大豆蛋白丁、玉米粒、胡萝卜丁、青豆、凤梨和适量的凤梨汁翻炒均匀，便可享用。

干煸头菜干

原料

芜菁头菜干…400g	剁椒酱…10g（无五辛）
玉米油…适量	酱油…适量
八角…5个	白醋（无酒精）…几滴
花椒…1把	红糖…少许
姜丝…20g	花椒油…少许
干辣椒…5个	

制作步骤

① 将芜菁头菜干切丝泡水，再挤干水，需要重复换几次水，大约泡半天，主要是为了把咸味泡淡。

② 锅里倒入玉米油加热，放花椒、八角小火炒香，再放姜丝、干辣椒、剁椒酱炒香，放入芜菁头菜干，炒熟后调入酱油、白醋、红糖、花椒油，翻炒均匀，便可出锅。

你选哪碗面

父亲做了两碗面。

一碗有青菜,一碗无。

父亲问儿子吃哪碗?

"有青菜的那碗。"

父亲说:"让我吧!孔融七岁让梨!你已十岁!"

"他是他!我是我!不让!"

"真不让?"

"真不让!"儿子回答坚决。

"不后悔?"

"不后悔!"

父亲端过无青菜的那碗面开始吃。

结果儿子发现父亲那碗面下面藏了很多青菜,比自己碗中的多多了。

父亲指着碗里的青菜告诫儿子:"记住!想占便宜的人,往往占不到便宜。"儿子一脸无奈……

又一次,还是两碗面。

一碗有青菜，一碗无。

父亲若无其事地问："吃哪碗？"

"我十岁了，让青菜！"

"不后悔？"父亲问。

"不后悔！"儿子吃得很快，面见底也没看见任何青菜。

父亲端起另一碗吃起来，儿子看见上面有青菜，更没想到的是下面还有很多青菜。

父亲指着青菜说："想占便宜的人，可能要吃大亏！"

第三次，一样的道具。

父亲问："吃哪碗？"

"孔融让梨，儿子让面。爸爸是长辈！您先吃！"

"那我不客气了。"父亲果真不客气地端起有青菜的面。

儿子平静地端起无青菜的面。

一碗面很快见底。

儿子意外发现自己碗里也藏了很多青菜。

父亲意味深长地对儿子说："不想占便宜的人，生活不会让你吃亏。"

黑椒汁意大利面

原料	大豆蛋白片腌渍料	黑椒汁原料
快熟意大利细面…100g	干大豆蛋白片…1片	酱油…20g
红椒…1/3个	酱油…适量	盐…2g
黄椒…1/3个	芝麻油…适量	素蚝油…10g
西蓝花…适量	素蚝油…适量	黑胡椒碎…5g
植物油…适量		生粉…4g
干欧芹碎…适量		过滤水…90g
干罗勒碎…1g		
干意大利混合香料碎…适量		

制作步骤

① 干大豆蛋白片用过滤水完全泡软后,挤干水分,切成条状,用酱油、芝麻油、素蚝油腌渍20分钟以上,用植物油煎至两面金黄,备用。

② 沸水煮开后,加入快熟意大利细面,煮10分钟捞出,沥干水,备用。

③ 红椒、黄椒切成细条。

④ 将酱油、盐、素蚝油、黑胡椒碎、过滤水在碗里搅拌均匀,再加入生粉拌匀,这样黑椒汁就做好了。

⑤ 用植物油将红椒、黄椒、西蓝花和大豆蛋白条翻炒一下,放入煮好的意面和干罗勒碎、干意大利混合香料碎炒均匀,加入黑椒汁搅拌均匀,关火盛出,撒上适量的干欧芹碎便可。

国宝与米缸

二十世纪七十年代初,在陕南陕北交界的地方,有一户人家在自家窑洞墙壁上挖出来一个容器。家里刚好缺个米缸,他们就用它做了米缸。家里经济富裕后买了塑料桶做米缸,他们把原来的米缸卖到了废品站。

这个区域曾是历史古都,常出土一些文物,不识文物的老百姓会把文物当作废品卖到废品站。所以当地博物馆馆长有空就会到废品站"捡漏儿"。

有一天,他在一家废品站看到了这个被弃用的"米缸",便带回博物馆。经鉴定发现,这是西周时期的鼎。这个鼎从米缸变成废品,又变成了镇馆的稀有文物。

我们认识自己吗?是"米缸",还是价值连城的"鼎"?此间的差别就在于你是否知道自己是谁。身体的家,欲望的家,心灵的家,价值各不一样。那个鼎终于回到了认识它价值的人那里。

红酱意面盒子

原料

快熟意面… 100g	盐…适量
干大豆蛋白片… 30g	番茄酱…30g
干香菇…15g	芝麻油…10g
黄椒…适量	酱油…15g
青椒…适量	甜菜糖…6g
红椒…适量	姜末…适量
纯素吐司(无蛋奶)… 1个	植物油…适量

制作步骤

① 干大豆蛋白片和干香菇用过滤水泡软,挤干水分,分别切成碎末。大豆蛋白末放入干锅炒干水分,加植物油炒至金黄,加入适量的酱油调味,盛出备用。

② 香菇末放入干锅炒干水分,拨到一边,倒入芝麻油将姜末小火炒香,加入炒好的大豆蛋白末,再混入香菇末翻炒均匀,调入甜菜糖、番茄酱、酱油,盛出备用。

③ 青椒、红椒、黄椒洗净,去蒂和籽,切成碎丁,用植物油炒至七分熟,盛出备用;把快熟意面用沸水煮熟捞出,沥干水。

④ 将所有食材全部加入锅内拌匀;在纯素吐司中间做个凹的形状,放入做好的红酱意面便可享用。

黄金铺路

原料	调味料
老南瓜…适量	酱油…适量 植物油…适量

制作步骤

① 将老南瓜洗净去皮，去瓤，切成长7cm、宽3cm、高1.5cm的块儿，备用。

② 锅内放植物油，用小火将南瓜块慢煎至两面金黄，15分钟左右，用筷子稍微按压一下南瓜是否煎软，再调入适量的酱油，即可享用。

亚历山大大帝的三个遗愿

亚历山大大帝临死时交代了三大遗愿：

"第一，死后由我的医生们亲自抬运灵柩。

"第二，在灵柩通向墓地的路上撒满我的战利品，黄金、白银和宝石。

"第三，我的双手要垂放在棺材外。"

亚历山大大帝最喜爱的一名将军发出疑问："为什么要立这些奇怪的遗愿？"

亚历山大大帝深吸一口气说："我想让世人了解我刚懂得的三个道理：

"第一，要医生抬运灵柩是让大家明白，没有任何一个医生可以包治百病。请大家不要把生命当作是理所当然，要珍惜生命。

"第二，在通往墓地的路上撒满黄金、白银和宝石，是为了让大家意识到我用了一生来赚取财富，最终却什么也带不走。

"第三，让双手垂在棺材外，是希望人们知道我双手空空来，又空空离开。"

说完，亚历山大大帝闭上了眼睛。

"采得百花成蜜后，为谁辛苦为谁甜。"

每个人的人生之旅都很难得且尊贵，在这段短暂又珍贵的旅程中，自己做了什么？

过去是在人潮中被推着往前走，接受素食后，学会了停下，思考，再前行。

爷孙骑驴

有爷孙俩进城,爷爷骑驴,孙子牵驴。

路人甲:"真是为老不尊,只顾自己舒服,却虐待小孩。"

爷爷赶紧从驴背上下来,孙子骑驴,自己牵驴。

路人乙:"这小孩真不敬老,自己骑驴。"

孙子心中惭愧,二人决定一起骑驴。

路人丙:"这爷俩的心真够狠的,一头瘦驴,怎能经得住两个人骑呢?"

爷孙俩干脆牵着驴走。

路人丁:"这爷俩真够蠢的,有驴子不骑,却走路。"

最后爷孙俩决定抬着驴走,路人戊哈哈大笑:"这两个人真有意思,有驴不骑,牵着也行,何必抬着呢?"

吃素以来,听到过各种声音。有疑问的,否定的,担心的,也有肯定的,鼓励的……

"素食够营养吗?"

"吃素会不会太另类,极端?"

"吃素会不会给别人添麻烦?"

"吃素会不会很不合群?"

当我们对一个事物不够了解时,有不理解、质疑、担心是正常的,是可以理解的;恰恰如此,更需要坚定的示现、和善的说明,让对素食不够了解的人们有机会多了解素食。

素食训练了我们更真诚自然地与身边的人交往和交流。

茴香冻豆腐包

面团原料

普通面粉…500g
过滤水…250g
甜菜糖…30g
玉米油…30～40g
酵母…4g

馅料原料

冻豆腐（挤干水后）…300g
玉米油…适量
干香菇…20g
姜末…适量
新鲜茴香…235g
盐…适量
酱油…适量

约10个，面团40克/个，馅料30克/个

制作步骤

① 将普通面粉过筛在搅拌碗里，加入酵母拌匀，再加入甜菜糖、过滤水、玉米油拌匀，轻揉成一个光滑的面团，将搅拌碗封上保鲜膜，发酵大约2个小时，温度需要30℃左右。当面团发到原来面团的两倍大，拨开面团有如蜂窝状气孔时便可，备用。

② 将干香菇洗净，用过滤水完全泡软，挤干水分，泡的香菇水可以留下；香菇切成小颗粒，放入干锅炒干水分后，拨到一边，在锅里的另一边倒玉米油，加入姜末小火炒香后，与香菇粒混合翻炒，再加入酱油翻炒一会儿，盛出备用。

③ 新鲜茴香洗净切末，备用；冻豆腐挤干水分后切碎，放入干锅炒干水分，倒入玉米油翻炒，加盐和酱油调味，再加入香菇粒和香菇水翻炒，保持馅料的湿润度，关火；放入茴香末拌匀，盛出放凉。

④ 面团发好后，揉面，排出里面的气泡，揉至光滑，搓成长条状，用梯形刮板切出每个40g的小面团，备用。

⑤ 将每个小面团擀成中间厚边缘薄的圆形面皮，以辫花的方式将馅料包住。蒸锅刷层薄薄的植物油，放入包子，盖上盖子，进行第二次醒发，醒发40分钟至1个小时左右（根据具体气温而定）。包子发至1.5倍大时，便开火开始蒸。蒸15～20分钟，关火后再闷1～2分钟，即可出锅享用。

火 候

老郎中收了两个弟子，半年未曾教医术，只让他们看医书，采草药，打杂。

大弟子忠厚老实，每天认真读医书，采药，煎药。

小弟子认为这太枯燥，每天缠着老郎中传授医术。

老郎中不动声色，依旧给病人号脉、抓药、治病，同时也开始传授大弟子医术。

小弟子心中不服，准备辞行。

"为何要走？"

小弟子赌气说："跟师父学不到真正的医术！"

老郎中沉吟片刻，说："今天你煎一回药，若煎好，为师放你离开。"

小弟子想：煎药太简单了，赶紧煎好以便离开。

他拿起扇子来到炉前，百无聊赖，一会儿扇火，一会儿掀锅盖。

一个时辰后，药总算冒泡了，正要往外倒药，师父把他拦住，告诉他药还没好。小弟子内心疑惑，却也不敢多问，只是继续扇火。

半个时辰过去，老郎中示意他看药，掀开锅盖，发现药已煎干。

老郎中说道："煎药是要看火候的，先武火，后文火。你这般性急，不断扇火，能不煎干吗？你心气浮躁，火候还不够，基础不够牢靠，为师如何敢将医术传与你？若传与你，你最后的结果就跟这锅药一样啊！"

烹饪，烹的不仅是菜，还有那颗不急躁、安静沉稳的心。

极简风天妇罗

原料	面糊原料	蘸料调料
南瓜…适量	普通面粉…60g	香醋（无酒精）23g
茄子…适量	玉米淀粉…30g	甜菜糖…1g
西葫芦…适量	凉水…102g	酱油…15g
红椒…适量	岩盐…2g	岩盐…少许
青椒…适量		干辣椒…两小根
紫苏…适量		
樱桃萝卜…适量		
胡萝卜…适量		
玉米油…适量		

制作步骤

① 洗净所有蔬菜，将南瓜、胡萝卜削皮，茄子、南瓜、樱桃萝卜切成有一定厚度的圆片，西葫芦、胡萝卜、红椒、青椒切成条状。

② 将普通面粉、玉米淀粉、凉水、岩盐混在一起，拌匀成面糊。将所有的蔬菜裹好面糊，锅中烧热玉米油，依次将胡萝卜、南瓜、茄子、西葫芦、红椒、青椒、紫苏、樱桃萝卜等放入油锅炸熟（每次炸的不要太多，分批炸，也可以选择你喜爱的蔬菜炸）。

③ 将干辣椒剪成小段，取一只小碗，放进香醋、甜菜糖、酱油、岩盐、干辣椒段，搅拌均匀，便可蘸着炸好的天妇罗品尝。

生命的核桃

有一个小和尚每天在寺庙辛勤忙碌,化缘,扫地,做饭,等等,很累却感觉不到成长,于是请教禅师。

"你把平常化缘的钵拿来。"

小和尚把钵取来,老禅师说:"拿一些核桃过来装上。"

装满核桃后,禅师沿着核桃的缝隙放入大米。

大米满了后,又取水倒进去,这次缝隙看起来都被填满了。

然后又取盐放了进去。

小徒弟似有所悟:"时间挤挤总是会有的。"

老禅师把碗倒空,先放盐,再加水,然后倒米,水往外溢时,问小和尚:"还能放得下核桃吗?"

小和尚摇头。

老禅师说:"这样你明白了吗?"

西汉刘向《说苑·说丛》中说:"万物得其本者生,百事得其道者成。"

小到日常生活的点滴,大到立身处世的价值选择,都有其本末终始之道。明其道者事半功倍。与其盲目努力,不如澄心明理。这是坚持素食后我们学习到的。

姜炒核桃

原料

| 生核桃…50g | 岩盐…适量 |
| 小黄姜…适量 | 十三香…适量 |

制作步骤

① 将小黄姜洗净削皮,切成姜末,用干锅将姜末炒香,放入岩盐、十三香、生核桃,边炒边试味,根据自己的喜好增减调料。

② 翻炒后放凉,装在密封的罐子里。随身可带一些当零食吃。

椒盐蟹味菇

原料

蟹味菇…1盒	辣椒粉…适量
玉米淀粉…适量	胡椒粉…适量
盐…适量	植物油…适量

制作步骤

① 将蟹味菇的根部去掉，刮掉脏的部分，备用。

② 在碗中加入玉米淀粉和盐，把蟹味菇裹满玉米淀粉，备用。

③ 锅内放多些植物油，大火加热，将蟹味菇放入油中炸，转中小火，炸至两面金黄便可捞出，沥干油，撒上辣椒粉和胡椒粉，放凉即可享用。

凉拌魔芋丝结

原料
魔芋丝结…260g
黄瓜…适量
熟核桃碎…适量

调味料
酱油…20g
白醋(无酒精)…10g
甜菜糖…适量
盐…适量
芝麻油…适量
红油适量…10g

制作步骤

① 将魔芋丝结冲洗几遍,沥干水分,备用。

② 黄瓜擦成丝,熟核桃捏碎,备用。

③ 将所有调味料和魔芋丝结倒入调味碗中拌匀,最后撒上黄瓜丝和熟核桃碎,便可享用。

焦糖玫瑰苹果派

原料	
脆苹果…2个	水…180g
低筋面粉…180g	甜菜糖…40g
椰子油…60g	

制作步骤

① 脆苹果洗净,切成四瓣后去核去蒂,切成均匀的薄片,不宜太厚也不宜太薄。

② 锅中倒入水,加入甜菜糖,糖的分量可以根据苹果的甜度调整。在煮好的糖水中加入切好的苹果片,中小火煮软后捞出(不宜煮太久,因为苹果片的花青素在高温下会褪色),剩下的苹果汁糖水放凉备用。

③ 碗中放椰子油,加入60g煮好放凉的苹果汁糖水,再在碗中加入过筛后的低筋面粉,和成面团,用保鲜膜包好,放入冰箱中冷藏20分钟。

④ 将冷藏好的面团擀成长方形面皮,用刀切成宽2cm的条。

⑤ 将煮好的苹果片按从小到大的顺序依次排列放在面条上,不需要摆太密集,下一片压在上一片的四分之三处便可。

⑥ 轻轻地从面条的一端将其卷起,将卷好的苹果片稍做调整,摆成玫瑰花瓣的形状即可,重复以上步骤做好所有的苹果派。烤盘上铺好吸油纸,将卷好的玫瑰苹果派有序地摆在烤盘中。

⑦ 烤箱调至上下火200℃,预热10分钟,烤25~30分钟。烘烤期间,在第10~13分钟查看苹果派底上色的情况,若已烤至中等程度焦糖色,可关底火;苹果派的花瓣部分若出现微焦,可盖上锡纸,以免烤过焦。全程烤够25~30分钟便可拿出,放凉品尝(每台烤箱的性能不一样,根据实际情况调整烤箱温度及烘烤时间)。

一碗芹菜面的故事

"书到今生读已迟"出自黄庭坚的真实故事。

他二十六岁时,在县衙午休,三次都做同一个梦:去一老妪处吃了一碗芹菜面。醒来口有余香,不似梦反像真实经历一般。他心中甚疑,循着梦中的印迹寻找,果然见一老婆婆用芹菜面祭其女。老婆婆说女儿生前喜欢读书,信佛吃素,很孝顺,但不愿嫁人,临走时说来世转男身,会再回来找她。

黄庭坚欲看其女生前居室。入门见一柜,老婆婆说,此是书柜,但不知钥匙所踪。黄庭坚似知道钥匙在哪儿一般,径直走到放钥匙的地方拿出来。开柜发现许多书稿,细阅之后,发现其中文章与今生所写甚是相同。知此女乃己前世,老婆婆乃前世生母。于是接老婆婆回县衙奉养,并作一偈:似僧有发,似俗脱尘;做梦中梦,悟身外身。

后清代才子袁枚感慨黄庭坚为什么有诗、书、画三绝之才,原来皆是前世所积,乃言:"书到今生读已迟。"

原来今生的一切得失际遇皆由前缘所定,命中有时终须有,命里无时当下好好修。"我是谁?"不是哲学问题,而是对生命的叩问,只有认识自己,才能更广阔地打开自己。

芹菜面

原料

细圆挂面…100g   芝麻油…1g
芹菜梗…适量   花椒油…2g
盐…适量   胡椒粉…1g
酱油…10g   玉米油…适量
素蚝油…5g

制作步骤

① 将水煮开,加少许盐,放入细圆挂面煮至八分熟,捞出沥干,备用。

② 将芹菜梗洗净,切末,用玉米油翻炒,盛出备用。

③ 在碗中加入酱油、素蚝油、花椒油、芝麻油、胡椒粉搅拌均匀,加入煮好的细圆挂面,撒上炒好的芹菜末,便可享用。

热干面

原料

碱水面…100g	芝麻酱…20g
芹菜…适量	芝麻油…2g
黄瓜…适量	盐…适量
胡萝卜…适量	酱油…适量
萝卜干…适量	玉米油…适量
花生碎…适量	

制作步骤

① 将胡萝卜、芹菜、黄瓜洗净，分别切成小细丁，用玉米油和盐炒到六七分熟，盛出备用。

② 煮开水，加少许盐，放入碱水面煮开，加一次冷水，再煮开，面七分熟时捞出，放在冷水里过一下，沥干备用。

③ 在碗里倒入芝麻油、芝麻酱，搅拌均匀后加入碱水面，快速搅拌均匀，倒点酱油，调到个人喜爱的味道便可。

④ 加入炒好的胡萝卜丁、芹菜丁、黄瓜丁拌匀，最后撒上花生碎、萝卜干便可享用。

热干面的故事

二十世纪三十年代，有一位以卖凉粉汤面营生的李先生，因为脖子上长了个肉瘤，于是人们叫他"李包"。

在某个三伏天的傍晚，李包工作了一整天，筋疲力尽，可是他还剩不少面条没卖出去。由于担心第二天面条会变馊，于是他把面条全部煮熟，捞出晾干。突然他一不小心将旁边的油壶打翻了，油正好泼在面条上，面条上的麻油发出一阵阵香气。于是，李包灵机一动，索性将面条与麻油搅拌均匀，晾干。

次日清早，李包将沾了麻油的干面条放进沸水锅中热一下，然后捞出沥干，拌上榨菜末、萝卜末、芝麻酱等十多种调味佐料。客人品尝后无不夸赞，大家都问这是什么面条，李包漫不经心地答道："热干面。"

于是，热干面就这么诞生了。

有些事情的成就或许是源于你的一个无心之举，但这样的无心又岂是真的无心？处处留心皆学问，只要我们慢一点，再用心一点，我们就会发现上天其实已经赐予了我们许多生活的美好……

纯素烧仙草

珍珠丸子原料	黑凉粉原料	红豆原料	纯素奶茶汤原料	其他配料
红糖…40g	黑凉粉…66g	红豆…100g	红茶叶…12g	花生…适量
过滤水…80g	冰糖…15g	过滤水…300g	过滤水…1300g	葡萄干…适量
木薯粉…113g	过滤水…1500g	冰糖…10g	无糖椰子粉…112g	枸杞子…适量
			冰糖…100g	

制作步骤

① 1500g的过滤水分为两份，一份150g，一份1350g。先用150g的过滤水将黑凉粉搅拌成无颗粒的稀糊状，再将剩下的1350g的水和冰糖倒入锅中，加入兑好的黑凉粉水，开火边煮边搅，煮沸后，倒进容器中静置放凉。待凝结后，便可切成小块备用（市面上"速食黑凉粉"比较容易买到）。

② 将红豆洗净，加过滤水和冰糖用电压锅煮30分钟，备用。

③ 红糖（或黑糖）加水煮沸（至无糖粒），煮开的红糖水倒入木薯粉搅拌，搓成小丸子（做好的丸子不建议放在碟上，容易变形，边搓边放进煮沸的开水里更好）。

④ 将水煮开（煮的时候水会消耗，可以不断加热水），边搓丸子边放进煮沸的水中，用中火煮，时常搅拌一下。最好分几批煮，待丸子浮起来，盖上盖子再煮两三分钟。煮到有些透明，捞起过冷水备用（煮好的丸子过冷水后放凉，可分成小份装进小袋放入冰箱急冻，想吃时，拿一小袋出来解冻，用沸水加热后放进奶茶里就可以了）。

⑤ 用开水将红茶叶过滤一下。将1000g过滤水在锅里煮开，用茶叶袋装入红茶放进水里煮（用喜欢的红茶即可，想让茶更香浓可增加茶叶），茶香味煮出来后再煮3～5分钟，捞出红茶袋，留下茶汤。

⑥ 用剩下的300g过滤水冲椰子粉，搅拌均匀，和茶汤一起煮开，再放入冰糖，这样香喷喷的奶茶就煮好了。

⑦ 将做好的黑凉粉、红豆、珍珠丸子、奶茶汤、枸杞子、葡萄干、花生放进杯中即可享用。

生食拉面

原料	
胡萝卜…适量	芝麻油…适量
西葫芦…适量	酱油…适量
原味坚果碎…适量	花生酱…适量
辣椒粉…适量	

制作步骤

① 西葫芦洗净,胡萝卜洗净削皮,分别用刨丝机刨出西葫芦丝和胡萝卜丝。

② 在胡萝卜丝、西葫芦丝上加入花生酱、辣椒粉、芝麻油、酱油,搅拌均匀,撒上自己喜爱的原味坚果碎,便可享用。

时蔬炒肠粉

原料

肠粉…500g
绿豆芽…200g
卷心菜…200g
胡萝卜…200g
酱油…适量
盐…适量
芝麻油…适量
玉米油…适量

制作步骤

① 绿豆芽洗净，沥干水，备用。

② 卷心菜和胡萝卜洗净，切成细丝，分别用玉米油炒至八分熟，盛出备用。

③ 肠粉切成小长块，用玉米油翻炒至金黄，加入盐和酱油，倒入炒好的卷心菜丝和胡萝卜丝，以及洗净的绿豆芽，调入酱油、芝麻油，翻炒入味便可享用。

素满分

原料		
鹰嘴豆[1]…100g	卷心菜…165g	盐…适量
过滤水…300g	紫甘蓝…少许	水…少许
土豆（去皮后）…205g	纯素面包…适量	玉米油…适量
胡萝卜…100g	素咖喱（无蛋奶、五辛）…2块	

制作步骤

① 将鹰嘴豆用过滤水浸泡一夜，沥干水分，放1g盐，加入300g过滤水在电压锅里煮熟，捞出沥干水分，备用；土豆切成小块，上锅蒸熟；蒸熟的土豆和煮好的鹰嘴豆用捣碎器压成泥。

② 卷心菜和胡萝卜切成细丝，用玉米油炒至八分熟。

③ 锅里放入适量的水和素咖喱块，素咖喱块熔化以后，倒入土豆泥、鹰嘴豆泥、卷心菜丝、胡萝卜丝，搅拌均匀（注：根据馅料的稀稠程度可调整水量）。

④ 将馅料放进圆形模具中整形，脱模后，用玉米油煎至两面金黄。准备两片与圆形模具一样大小的纯素面包片，稍煎一下，夹入煎好的馅料、紫甘蓝或喜爱的蔬果便可享用。

---

1 鹰嘴豆：别名桃尔豆、鸡豆等，是印度和巴基斯坦重要的五谷之一，含有高蛋白、高不饱和脂肪酸、高纤维素、高钙、高锌、高钾、高维生素B等。

买碗的故事

有一个年轻人买碗,他在店里随手拿起一只碗将店里其他碗敲了个遍,但没有一个碗使他满意。老板问他为何要用碗敲碗,他得意地说,这是挑碗的诀窍,当一只碗与另一只碗碰出清脆的声音时,那就是好碗。

老板微笑着拿起一只碗递给他:"小伙子,你拿此碗试试,保管挑到心仪的碗。"他半信半疑地依言行事,果然碗和碗碰撞时发出清脆的响声。

他甚是疑惑。老板笑答:"道理很简单,你刚才拿的碗本身就是次品,用它试碗,声音必然沉闷浑浊。要想得到一只好碗,首先要保证所拿的碗也是好碗……"

就像碗与碗的碰撞一样,心与心的碰撞,需要付出真诚才能发出清脆悦耳的响声。带着猜忌、怀疑甚至戒备之心与人相处,难免也会引别人猜忌与怀疑。

素奶油诞糕杯

原料

植物奶油…150g
奥利奥碎（无蛋奶）…适量
纯素诞糕…适量

制作步骤

① 将植物奶油倒入无水无油的打发盆中，用电动打蛋器高速打发。在搅打的过程中，奶油会逐渐变得浓稠；当出现花纹，且有很好的光泽度时，继续打发；再打发一小会儿奶油就不会流动了，此时的奶油虽是固体，但状态还是比较软的；当打蛋器拉起奶油，奶油顶端有立起来的小尖尖时就可以不用继续打发了。裱花袋放进裱花嘴，再将奶油装进裱花袋，放在冰箱冷藏备用。

② 选择一款喜爱的纯素诞糕，用杯盖盖出形状，放在杯底，在上面挤一层奶油，再撒上奥利奥碎，再放一层诞糕……可根据自己的喜爱对每款食材进行增减便可。

乌鸦与鸽子

一只乌鸦在飞行的途中碰到回家的鸽子。

鸽子问:"你要飞去哪儿?"

乌鸦说:"其实我不想走,但大家都嫌我的叫声不好听,所以我想离开。"

鸽子告诉乌鸦:"别白费力气了!如果你不改变声音,飞到哪儿都不会受欢迎的。"

性命,改变命运的根源在于改性。禀性不改,在广州是一只鸽子,飞到北京还是一只鸽子。

《诗经》云:"永言配命,自求多福。"

常思虑自己的行为是否合乎天理,以求美好的幸福生活。

素肉手卷

原料	腌大豆蛋白片腌渍料
饺子皮…10张	玉米油…5g
干大豆蛋白片…3片	黑胡椒粉…2g
红椒…适量	辣椒粉…适量
黄椒…适量	酱油…10g
青椒…适量	
岩盐…适量	
玉米油…适量	
熟白芝麻…适量	
熟黑芝麻…适量	

制作步骤

① 干大豆蛋白片用过滤水泡软,每片切成四条,用黑胡椒粉、玉米油、辣椒粉、酱油将大豆蛋白条腌渍20分钟,再用玉米油煎至两面金黄,盛出备用。

② 将红椒、青椒、黄椒切成细条,用玉米油翻炒,加入岩盐,翻炒至七分熟,盛出备用。

③ 用玉米油将饺子皮煎至两面稍微鼓起,放在擀面棍上,将饺子皮两端夹紧成半包裹形,定形备用。

④ 拿出一张煎好的饺子皮,放进大豆蛋白条、红椒条、青椒条、黄椒条,撒上少许熟的黑芝麻、白芝麻便可品尝。

速食泡菜

原料

- 黄瓜…50g
- 莴笋…50g
- 红椒…20g
- 胡萝卜…40g
- 包菜…40g
- 盐…2g
- 甜菜糖…4g
- 白醋（无酒精）…6g
- 辣椒粉…0.5g（可加可不加）
- 姜末…5g
- 花椒油…6g
- 熟白芝麻…6g

制作步骤

① 将所有蔬菜原料洗净，切成丝，备用。

② 用厚的保鲜袋放入所有蔬菜丝和调味料，扎紧袋口（里面充满空气），上下晃动大约40秒，取出装盘，便可享用。

酸菜土豆片

原料

土豆…600g
酸菜（无酒精、五辛）…200g
花椒籽…适量
八角…1个
剁椒酱（无五辛）…10g
盐…少许
酱油…适量
玉米油…适量

制作步骤

① 土豆削皮，切成厚度适中的薄片，用过滤水冲洗后沥干水分，备用。

② 酸菜用过滤水洗净，拧干，切成细条，备用。

③ 锅中倒入玉米油，用中小火将花椒籽、八角炒香后，取出，留底油，放入剁椒酱，大火爆炒至香，再放入酸菜翻炒，盛出备用。

④ 锅中倒入玉米油，用大火将土豆片爆炒，转中小火炒至熟，加入适量的酱油、盐，最后倒进炒好的酸菜，翻炒均匀，便可盛出享用。

呆若木鸡

纪清子为大王培养斗鸡。

大王希望纪清子能养出一只雄霸四方的斗鸡,尽快出战。

十天后,大王问:"我那只鸡能斗了吗?"

"还不行,因为这只鸡盛气凌人,羽毛张开,目光炯炯,非常骄傲!"

过了十天,大王又问。

"还不行。尽管它的气焰开始收敛,但别的鸡一有响动,它马上还是有反应,还要去争斗,这可不行。"

又过十天,大王第三次问。

"还不行。它现在虽然对外在的反应已经淡了很多,但目光中还有怒气,要再等等。"

又过十天,大王来问。

纪清子终于说:"这回差不多可以了。别的鸡发出一些响动鸣叫,它已经不应答了。它现已训练得像只木头鸡一样,精神内聚,德行内敛。所以,这只鸡往那儿一站,其他的鸡一看见它,马上就落荒而逃。"

原来有一种自信是不露锋芒、不张扬、内敛沉着的。

为人处事除了勇猛、技巧,更在于德行。

素食培素心,养素性。

小白咖喱面包

干性原料	湿性原料	馅料原料	
高筋面粉[1]…300g	温水…160g	土豆…400g	玉米油…适量
甜菜糖…30g	玉米油…26g	素咖喱块（无蛋奶、五辛）…25g	水…适量
盐…2.5g		新鲜罗勒叶…5g	酱油…适量
酵母…5g			

约 5 个，面团 45 克/个，馅料 30 克/个

制作步骤

Tips：准备 A 和 B 两个大的烘焙碗或家庭用来和面的盆，一个放干性原料，一个放湿性原料，另外准备一个过筛网。

① 将高筋面粉过筛在A烘焙碗里，放入盐，搅拌均匀，备用。

② 在B烘焙碗中放入甜菜糖、温水，搅拌均匀，待甜菜糖完全溶化后，将酵母均匀洒在水面上，待酵母完全融合后，搅拌均匀，倒入玉米油，搅拌至出现小的油泡便可。

③ 将高筋面粉倒入酵母水中，顺时针轻拌，和成均匀的散状面团。

④ 将散状面团放进面包机里，开启揉面功能，揉15分钟成面团后，拿一个大的烘焙碗，碗内刷一点油，把揉好的面团放进烘焙碗里，用手揉几下，让面团表面光滑，封上保鲜膜，静置发酵1小时左右。

⑤ 面团静置时，准备馅料。土豆去皮，切成小块；新鲜罗勒叶切碎；用玉米油将土豆炒至五分熟，放酱油、素咖喱块，倒进水，没过土豆，盖上锅盖大火烧开。素咖喱块熔化后要不断翻炒，以防粘锅，炒熟并保持一定的水分。出锅时放进罗勒叶，拌匀后关火。面包馅料不要做得太干，土豆有颗粒感会更好吃。

⑥ 准备烤盘或烤架，放上烘焙纸，纸上刷一点油。待面团发至两倍大时，准备硅胶垫，上面薄薄刷上一层油，将发酵好的面团放在硅胶垫上，双手轻轻按压面团，帮面团排气，再将面团分割成每个45g的小面团。

⑦ 将小面团往中心捏合，捏好的面团光滑面朝上，盖上保鲜膜，静置5分钟左右，让面团稍稍松弛。

⑧ 擀面棍上刷一层油，将面团擀成圆形，在擀开的面团中间加入30g的土豆咖喱馅料，将面皮捏合好，捏口朝下、光滑面朝上放置，依次操作。

⑨ 将做好的面团放在烤盘上，盖上保鲜膜，以防面团表面被风干，静置1小时左右。面团发至两倍大后，在每个面团表面轻轻撒上一点面粉。

⑩ 烤箱调至上下火180℃，预热15分钟，将面团整齐地码在烤盘上，放入烤箱烤20分钟左右。在烤的过程中，7～10分钟时，观察面包底部是否上色，如果上色的话可以把底火关掉；若面包表面上色较深，可以盖上锡纸，锡纸亚光面朝上，烤至完毕（每台烤箱的性能不一样，根据实际情况调整烤箱温度及烘烤时间）。

---

1 需要购买专门做面包的高筋面粉，市场上有些牌子的高筋面粉不一定适合做面包。

养生补气血茶饮

原料

党参…15g　茯苓…9g
川芎…9g　　红枣…6个
当归…20g　　小黄姜…适量
甘草…5g　　过滤水…1500g
白芷…9g

制作步骤

① 将红枣洗净；小黄姜洗净，削皮切成6片，备用。

② 其余的药材，干净的话一般可不用冲洗，根据具体情况而定。

③ 将所有食材放在锅里，加入过滤水，大火煮开后转中小火，煮2个小时，即可关火享用。

扁鹊三兄弟

魏文王问名医扁鹊："你们家兄弟三人，都精于医术，到底哪一位医术最好？"

"大哥最好，二哥次之，我最差。"

文王再问："那为什么你最出名？"

"我大哥治病，是治病于病情发作之前。由于一般人不知道他能事先铲除病因，所以他的名气无法传出去，只有我们家里的人才知道。我二哥治病，是治病于病情刚刚发作之时。一般人以为他只能治轻微的小病，所以他只在我们的村子里小有名气。而我扁鹊治病，是治病于病情严重之时。一般人看见的都是我在经脉上穿针管放血、在皮肤上开刀敷药等大手术，所以他们以为我的医术最高明，因此名气响遍全国。"

文王连连点头称道："你说得好极了。"

身未病时，心先病。

培养好的饮食习惯，修养温和的性情和心态，就是很好的治未病。

鸢鸟与鱼

有一天,渔人在捕鱼。

一只鸢鸟猝然飞下,攫捕了一条鱼。旁边有一群乌鸦看见了鱼,便聒噪着追逐鸢鸟。

不管鸢鸟飞到哪里,乌鸦就跟到哪里,紧追不舍。鸢鸟无处可逃,正在疲惫、心神涣散之时,鱼从嘴里掉下来。乌鸦朝着鱼落下的地方继续追逐。

鸢鸟如释重负,栖息在树枝上,心想:我背负着这条鱼,让我恐惧烦恼。现在没有了这条鱼,反而内心平静,没有忧愁。

这条鱼,象征内在的欲望。有了欲望,就有所造作,烦恼也像满天追逐的乌鸦,紧紧地跟随我们,日夜不得安宁。

人的一生,其实真正需要的东西并不多,而是我们想要的太多。

当欲望犹如大山一样向我们脆弱的脊椎压下来时,我们的健康、快乐、开心、幸福、朴实亦随之倒塌了……

素不是什么都不要,是智慧地平衡和适度。

以无贪为富有,以无求为高贵。

以无争为自在,以无执为清净。

杂蔬咖喱

原料

土豆…1个
胡萝卜…1根
西蓝花…适量
彩椒…适量
过滤水…适量
植物油…适量
酱油…适量
黑胡椒碎…适量
芝麻油…适量
盐…适量
素咖喱(无蛋奶、五辛)…2块

制作步骤

① 西蓝花洗净,切成小朵,用沸水过一下,变色后捞起沥干;彩椒切成片,备用。

② 土豆、胡萝卜洗净削皮,切成小滚刀块,用植物油翻炒土豆和胡萝卜至六分熟时,加入黑胡椒碎、酱油,翻炒至八分熟。

③ 放入素咖喱块、盐,加过滤水没过食材,大火烧开后转中小火继续焖煮,剩下一点儿汤汁时,将西蓝花、彩椒加入锅里,滴两三滴芝麻油搅拌均匀,关火出锅即可。

香蕉松饼

原料

低筋面粉…200g	甜菜糖…20g
香蕉…150g	椰子粉…30g
豆乳…240g	泡打粉…2$\frac{1}{4}$ 小勺

制作步骤

① 香蕉果肉用勺子压至稍微有颗粒感,与低筋面粉、甜菜糖、椰子粉、泡打粉、豆乳一起放进烘焙碗中搅拌均匀。

② 烧热干锅,在锅中央处倒入面糊(煎松饼不需要下油),摊成圆形(可用圆形烘焙模具辅助),厚度要适中,每一块松饼大概60g左右,用小火煎,每面煎至金黄色便可翻面,完全煎透后出锅,可搭配水果或奶油享用。

第 三 年
"素食后我们收获了什么"
＋
用心生活

素食后
我们收获了什么

幸福不在千里之外。

"只有心灵才能洞察一切，事物的本质是肉眼无法看到的。"这是《小王子》里小王子和狐狸分别时，狐狸送给他的秘密，一个与幸福有关的秘密。

坚持素食4年，我们对这句话越来越有深刻的体会。我们也从用眼睛感受幸福向用心感受过渡。当然，这并不是否定过去的自己，而是欣喜地发现自己又成长了。

过去所谓的美食，对于我们而言仅停留在满足当下的口腹之欲，吃饱喝足后，"美食"就成了可随意丢弃的残羹冷炙。我们感受到了短暂的吃东西的幸福，却没有珍惜和感恩这幸福。因为我们更多的是用嘴巴去感受它，而不是用心。所有的食物对于我们而言，就像小王子最初看到花园里成千上万朵玫瑰花一样，它们并没什么特别。不是食物本身不特别，而是我们的心并没有与它们产生连接。

反思生活中的很多方面也是一样。我们在乎的是住什么小区，但并不会用心整理房间；我们在意的是穿什么牌子、款式的衣服，但并不会爱惜，以至于看着被塞得满满的衣橱还总是感觉少一件衣服。即使是再普通的菜，只要用心烹饪和摆盘，都可以成为佳肴，甚至是一件赏心悦目的艺术品。原来，生活缺少的不是拥有，而是珍惜、感恩、善用和管理；幸福不在下一个，下一件，下一站，而就在眼前的用心。

从不会做饭到走进厨房，我们在厨房里学习、领悟"治大国如烹小鲜"的智慧，在生活点滴中学习改变，与人分享。每一次进步都让我们欣喜，原来幸福是可以这么简单的。以前只吃饭不做饭时没感觉，现在学习烹饪后才感受到，原来大自然恩赐了那么多的食物给我们，我们一直都是富有的；不同的食材有不同的性，烹调的方法也会不同，就像与不同的人相处要了解他的性情特点一样，了解食材很重要也很有趣；烹调的火候让我们时时去反省和思考与人相处、说话、做事的分寸拿捏，原来生活有那么多进步的空间；厨房的管理也让我们学会对其他物品的管理和归位，原来心是可以细腻、再细腻的……点点滴滴，每天就像挖宝藏一样，有很多的发现和惊喜。

心虽然看不见，却是大自然赐予我们发现和体验美好的神器。素食是为了素心，素心如一湖平静澄澈的水，不偏不倚映照万物，心境澄明自清欢。

小时候，幸福很简单；长大后，简单很幸福。

烹饪是一个不断探索创新的过程,越学越知不足。

草莓面包卷

原料
草莓…适量 植物奶油…适量 纯素面包…数片

制作步骤

① 将植物奶油倒入无水无油的打发盆中,用电动打蛋器高速打发,在搅打的过程中,奶油会逐渐浓稠;当奶油出现花纹,且有很好的光泽度时,继续打发;再打发一小会儿奶油就不会流动了,此时的奶油虽是固体,但状态还是比较软的;当打蛋器拉奶油,奶油顶端有立起来的小尖尖时就可以停止打发了。将奶油装进有裱花嘴的裱花袋里,放在冰箱冷藏备用。

② 将草莓洗净,沥干水分,分别切成长条状和薄片状,备用。

③ 将纯素面包铺在硅胶垫上,用擀面棍均匀压平,抹上植物奶油,放上草莓条,将面包的一端慢慢地卷到另一端,用保鲜膜裹好,放在冰箱冷藏大概10分钟,取出后切块,便可享用。

慈姑片

原料

慈姑…1500g
玉米油…适量
盐…适量

制作步骤

① 将慈姑洗净,削皮。

② 在炸锅里加入较多的玉米油,油烧热后将慈姑边刨片边放进锅油炸至熟(这样做可以避免慈姑片与空气接触太久发生氧化变黑)。

③ 慈姑片浮起后捞出,沥干油,在慈姑片上均匀撒上适量的盐,放凉,装入密封罐便可。密封好可存放15天左右。

有些菜需要大火才能烹出其味，
人生也需要适度的压力才会更有动力。

炒冰笋

原料	
干冰笋（泡发前）…55g	花椒籽…适量
红椒…两根	酱油…适量
青椒…两根	岩盐…适量
姜片…适量	植物油…适量
八角…1个	

制作步骤

① 干冰笋用温水完全泡软（干冰笋较轻，泡水时拿个较重的物体将其压住，让它完全浸泡在水里），切成小段，备用。

② 将红椒、青椒洗净，切成小圈状，用植物油翻炒，加入岩盐，翻炒均匀，盛出备用。

③ 用植物油将八角、花椒籽、姜片爆香，姜片两面变金黄时，放进冰笋，继续爆炒，调入酱油、岩盐，出锅前加入炒好的红椒圈、青椒圈，翻炒均匀便可。

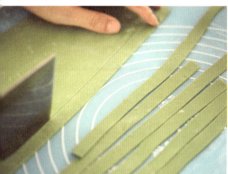
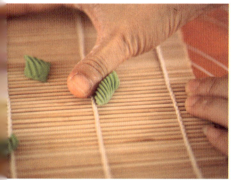

每当切菜时,就会想起《中庸》里的"如切如磋,如琢如磨"。我能承受生活中的种种切磋和琢磨吗?

番茄西葫芦贝壳面

原料	
西葫芦…400g	盐…适量
番茄…330g	红糖…6g
豌豆粒…60g	酱油…12g
玉米粒…80g	干罗勒碎…0.5g
植物油…适量	干意大利混合香料碎…0.5g

绿色面团原料	黄色面团原料
普通面粉…80g	普通面粉…80g
菠菜…20g	南瓜…20g
过滤水…20g	

制作步骤

① 将菠菜用沸水过一下,放入冷水再过一次捞起,剪碎后和过滤水在料理机里打至绵密,再与普通面粉混合,揉成均匀光滑的面团,用保鲜膜包好,放入冰箱冷藏醒面1个小时(这样醒过的面会更筋道)。

② 南瓜削皮,蒸熟后用料理机打至绵密,和普通面粉混合,揉成均匀光滑的面团,用保鲜膜包好,放入冰箱冷藏醒面1个小时。

③ 豌豆粒、玉米粒用沸水煮熟,捞出沥干;西葫芦洗净,切成中厚片,用植物油和盐翻炒一会儿,盛出备用;番茄洗净切碎,用植物油将番茄炒香,加入红糖、酱油,大火转小火煮到番茄颗粒变小时加入西葫芦、玉米粒、豌豆粒,翻炒均匀,再加入干罗勒碎、干意大利混合香料碎,搅拌均匀,盛出备用。

④ 菠菜面团、南瓜面团醒好后,将两款面团分别擀成薄片(可以根据自己的喜好擀出合适的厚度),再切成长条形,撒上薄薄的一层手粉,每一条切成小剂子,将小剂子放在寿司竹帘上,用大拇指压着往前搓一下,贝壳面就做出来了。

⑤ 将搓好的贝壳面煮熟,反复加三次水煮开,捞出沥干,倒入做好的番茄西葫芦酱料搅拌均匀,便可品尝。

学会照顾自己的身体,
也是学习如何负责和管理。

番茄杂酱拌饭

原料

番茄…2000g
素肉片…100g
杏鲍菇…100g
生姜…50g

植物油…适量
盐…适量
酱油…适量

制作步骤

① 番茄洗净,切成小粒;生姜洗净,切成姜蓉;用植物油爆香姜蓉后,加入番茄粒、酱油、盐翻炒均匀,做成番茄酱,盛出备用。

② 杏鲍菇切成细丁,倒入干锅炒干水分,再加入植物油翻炒至金黄,用酱油调味,盛出备用。

③ 素肉片切细丁,用植物油炒香,调入酱油,再放入杏鲍菇和番茄酱翻炒均匀,便可淋在米饭或者面条上享用。

游走各地景点，
最后发现，
原来最美的风景在心里。

风味西葫芦卷

原料	大豆蛋白片腌渍原料
西葫芦…适量	干意大利混合香料碎…1g
黄椒…半个	盐…适量
红椒…半个	酱油…22.5g
新鲜茴香…少许	芝麻油…适量
干大豆蛋白片…4 片	红油…30g
红油…适量	
干意大利混合香料碎…适量	
盐…少许	
植物油…适量	
装饰：柠檬片	

制作步骤

① 干大豆蛋白片用冷水完全泡软，挤干水分，切成粗条，加入红油、酱油、干意大利混合香料碎、盐、芝麻油，搅拌均匀，腌渍2个小时以上。

② 西葫芦洗净，用刨片器刨出长方形薄片；红椒、黄椒洗净，切成中等条状，备用。

③ 拿出一条西葫芦片，在表面刷上一层红油，均匀撒少许盐，在西葫芦片的一端放上黄椒条、红椒条、大豆蛋白条、一小条茴香，从一端慢慢卷起到另一端，用牙签在尾部固定。

④ 在烤盘上铺锡纸，刷上一层薄薄的植物油，将卷好的西葫芦一个个摆放在烤盘上，在西葫芦卷上也刷一层薄薄的植物油，再均匀撒上干意大利混合香料碎。

⑤ 烤箱调至上下火200℃，预热5分钟，将西葫芦卷放入烤箱烤20分钟，烤好取出便可享用（每台烤箱的性能不一样，根据实际情况调整烤箱温度及烘烤时间）。

⑥ 在碟上铺一层柠檬片，再放上西葫芦卷，便可享用。

我们想要改变不好的习惯，
身边的环境很重要，
就像锅里粘了锅巴，需要先用水泡一泡才会变软，
最后才容易洗干净。

黑椒豆腐煎饼

豆腐饼原料	黑椒汁调味料
老豆腐…400g	酱油…25g
干香菇（中等）…10个	水…200g
玉米粒…150g	玉米淀粉…3g
玉米淀粉…60g	黑胡椒粉…10g
黑胡椒粉…1g	
盐…2g	
玉米油…适量	
姜末…适量	

10个，60克/个

豆腐饼制作步骤

① 干香菇洗净，用过滤水泡软，挤干水分，切成细丁，放入干锅炒干；将香菇丁拨在一边，在另一边倒入玉米油和姜末，小火炒香后混合香菇丁翻炒一下，盛出备用。

② 老豆腐用捣碎器压成泥，加入玉米粒、炒熟的香菇丁、玉米淀粉、黑胡椒粉、盐拌匀，按每个60g分好，捏成团，按扁，放入平底锅中，倒入玉米油用小火慢煎，煎至两面金黄即可。

③ 将黑胡椒粉、酱油、水、玉米淀粉搅拌均匀后，倒进锅里煮开，期间需要搅拌。

④ 煮到有些浓稠时，自制黑椒汁就做好了，关火，淋在煎好的豆腐饼上（黑椒汁的稠度，可根据个人口味调整）。

五星级有五星级的标准和要求，
所以有隔才有格。
我们会带着品格，
走向下一程。

华夫饼

原料	
低筋面粉…180g	玉米油…60g
甜菜糖…25g	酵母…4g
豆浆粉…80g	盐…1g
温水…220g	小苏打…1g
扁桃仁粉…50g	

6～7个

制作步骤

① 将豆浆粉、甜菜糖和温水搅拌融合，将酵母轻撒在液体表面，静置5分钟左右，酵母溶化后拌匀，备用。

② 将低筋面粉、扁桃仁粉、小苏打过筛到搅拌碗中（如果扁桃仁不能完全过筛，可以直接倒进搅拌碗里），加盐拌匀，备用。

③ 在酵母水中放入玉米油，搅拌到油水融合，倒入干粉中，搅拌成细滑的面糊，静置10分钟（利用这个时间预热华夫饼机）。

④ 华夫饼机插上电源进行加热，表面涂抹一层玉米油，将静置好的面糊装进裱花袋里，挤入华夫饼机至八分满，盖上盖子，烤8～10分钟。有蒸汽冒出，表示华夫饼差不多熟了。可打开看一下是否烤透，华夫饼表面干爽就可以取出享用。华夫饼热腾腾时很好吃。

看得见的是光明,
看不见的是能量。

金汤豆腐

原料

南瓜…150g
老豆腐…100g
素咖喱块（无蛋奶、五辛）…4g
热水…100g

熟青豆…适量
盐…少许
玉米油…适量

制作步骤

① 老豆腐切成小正方块，用玉米油慢煎至两面金黄，加入盐调味，备用。

② 南瓜削皮，切成薄片，蒸熟，将素咖喱块、南瓜、盐、热水放进料理机中打至绵密（如果打出的南瓜比较稠，可根据自己的喜好调整水量和盐）。

③ 将打好的咖喱南瓜倒进碗中，再放进煎好的豆腐和几颗熟青豆装饰一下，便可品尝。

三色饺子

馅料原料		
胡萝卜…1000g	香芹梗…200g	植物油…适量
新鲜香菇…80g	酱油…适量	芝麻油…适量
姜…80g	盐…适量	花椒油…适量

绿色面团原料	黄色面团原料	红色面团原料
普通面粉…500g	普通面粉…500g	普通面粉…500g
菠菜…50g	南瓜…50g	红芯火龙果…50g
过滤水…20g		

馅料制作步骤

① 将新鲜香菇、香芹梗洗净,切碎;姜、胡萝卜洗净,削皮,切碎。

② 香菇碎放入干锅翻炒,将水分炒干,拨到锅的一边,在另一边放入植物油爆香姜碎后,和香菇碎一起翻炒,加酱油炒至变色,盛出备用。

③ 植物油烧热,将胡萝卜碎、香芹梗碎炒香,加入盐翻炒,再倒入炒好的香菇碎混合搅拌均匀,调入芝麻油、花椒油,出锅备用。

彩色饺子制作步骤

① 菠菜洗净去梗,放入沸水中焯2分钟去草酸,捞出沥干水分,切碎,放进破壁机中,加入过滤水,打成菠菜汁(菠菜汁不需要过筛,否则颜色会变淡)。

② 红芯火龙果去皮,切成小块,加入破壁机中搅拌成汁。

③ 南瓜洗净,去皮去籽,切成小块,放在盘中隔水蒸熟,打成南瓜泥。

④ 分别将不同的蔬果泥/汁和面粉和成面团,盖上保鲜膜,醒面30分钟左右。

⑤ 醒好的面团揉成长条状,切成均匀的小剂子,在案板上撒上干粉,将面团擀成中间厚边缘薄的饺子皮,放上馅料,包成饺子。

⑥ 待锅里水煮沸,放少许盐,下饺子,煮开后加点冷水,反复三次,盛出饺子即可品尝。

藕羹南瓜豆沙丸

南瓜馅原料	豆沙馅原料	藕羹原料
南瓜…100g	豆沙…100g	藕粉…10g
糯米粉…100g	过滤水…400g	过滤水…110g(50℃左右水温)
	甜菜糖…适量	冰糖…4g
	植物油…适量	

制作步骤:

① 南瓜洗净,切块,隔水蒸熟,取出稍微放凉,捣成泥,然后放入糯米粉搓成团,再分成15g一份的南瓜团,备用。

② 红豆洗净,以红豆与水1:4的比例加入100g红豆和400g过滤水在电压锅内,煮烂,待凉后用料理机打成泥。然后放进不粘锅用中小火炒,油量分次加入。炒的过程中用刮刀不停搅拌,加甜菜糖,翻炒均匀,直到豆沙表面光滑细腻。把红豆馅分成6g一小份,搓丸,包在南瓜团里,揉成圆形。

③ 110g过滤水烧开后投入冰糖化开,关火,温度降到50℃左右时,倒入藕粉,边倒边搅拌均匀,最后放进南瓜豆沙丸便可享用。

就像好菜品的前提是菜要新鲜干净，
感觉不幸福是因为心被"染毒"了。
电脑要装防火墙，
还要常常扫毒，
心呢？
有没有常常保鲜和洗净？

能量棒棒球

原料	
熟杏仁…50g	椰枣（带核）…120g
生核桃…50g	各种水果粉末…适量
生腰果…140g	

16～18个，20克/个

制作步骤

① 将生腰果、熟杏仁、生核桃、椰枣放入破壁机，破壁成小颗粒粉状（有些颗粒口感会更好）。

② 将小颗粒粉分成每份20g，揉成圆形，裹上各种水果粉末。紫色是葡萄粉，红色是草莓粉，白色是椰蓉，绿色是抹茶粉，黄色是芒果粉，卡其色是巧克力粉，还有原味（如果招待客人，吃之前再裹水果粉，避免粉末受潮）。

记得有一次，

老师问大家一个问题："米是什么？"

大家回答："米是粮食。"

老师说："粮食，平时我们不觉得它重要，但在饥荒时，在没有农作物生长时，我们会觉得它很重要。水，平时我们不觉得它重要，但在干旱时，在烈日中，如果没有水喝，我们会口干舌燥，这时才感受到水的宝贵。"

人的一生，如果没有遇到对的环境，就犹如在烈日中没有水喝，在饥饿时没有粮食充饥一样，受到煎熬折腾。

牛蒡饼姬松茸糙米炒饭

原料

糙米…500g	植物油…适量
牛蒡饼…200g	酱油…适量
姜末…100g	胡椒粉…适量
姬松茸粉…5g	盐…适量
过滤水…1000g	芝麻油…适量

制作步骤

① 将牛蒡饼切成绿豆粒大小，用植物油炒香，加入适量酱油、胡椒粉翻炒均匀，盛出备用。

② 糙米提前泡一个晚上，洗净，加入3g盐、适量植物油和过滤水（煮糙米饭，米和水的比例是1：2），用电压锅煮熟后打松放凉，备用。

③ 将姜末放入干锅翻炒至干爽，加入植物油、盐，再倒入糙米饭、牛蒡饼粒，将所有食材搅拌均匀后，加入姬松茸粉和酱油、芝麻油再翻炒一会儿，便可享用。

巧克力米糠

原料

| 黑巧克力…300g | 糖浆…30g |
| 无糖椰子粉…32g | 大米花…80g |

制作步骤

① 隔热水将黑巧克力熔化，再加入无糖椰子粉、糖浆搅拌均匀，稍微冷却一下，备用。

② 将大米花分批次加入冷却好的巧克力浆里，轻轻搅拌均匀（巧克力浆的温度不宜高，否则会使大米花变软）。

③ 准备一个8英寸的方形模具，铺上一张吸油纸或者保鲜膜，将搅拌好的巧克力大米花倒进模具中，稍微压平整形，放进冰箱冷冻10分钟，便可拿出来切块品尝。

人的生命有四种走向：
从黑暗走向黑暗；从光明走向黑暗；
从黑暗走向光明；从光明走向光明。
你属于哪一种？

薯香门第

原料

小土豆…100g　盐…适量
干欧芹碎…适量　植物油…适量

6～7串

制作步骤

① 先将小土豆洗净，用沸水煮熟，去皮，备用。

② 锅中倒入适量植物油，放入小土豆，用中小火慢煎至金黄，撒入少许盐和干欧芹碎拌匀，盛出备用。

③ 取竹签将小土豆趁热穿成串儿，摆盘即可享用。

生命是自强不息的故事，生命是得失不执的平常，生命是悲喜不惊的乐章，生命是毁誉不动的能量，生命是力争上游的力量，生命是灵性觉醒的担当，生命是你我情谊的衷肠！

做菜看似小事,

会用心之时,

处处有智慧。

巧克力诞糕甜甜圈

干性原料	湿性原料	巧克力淋面原料
低筋面粉…180g	低糖豆浆粉…30g	黑巧克力块…100g
泡打粉…5g	温水…180g	熟核桃碎…适量
盐…2.5g	玉米油…54g	
无糖椰子粉…32g	甜菜糖…76g	
	苹果醋（无酒精）…8g	

9个

制作步骤

① 将温水与低糖豆浆粉完全混合，倒进甜菜糖、玉米油搅拌均匀，备用。

② 将低筋面粉、泡打粉、无糖椰子粉过筛，加入盐搅拌均匀，备用。

③ 将豆浆水倒进粉类中搅拌均匀，加入苹果醋快速搅拌成面糊，备用。

④ 准备一个甜甜圈模具，将面糊倒进模具中，来回震动几下，排出面糊里的空气。

⑤ 烤箱调至上下火200℃，预热10分钟，将面糊放进烤箱，烤制10分钟后观察，如果底部上色，关底火，再烤制8分钟左右便可关火取出，放凉品尝（每台烤箱的性能不一样，根据实际情况调整烤箱温度及烘烤时间）。

⑥ 将黑巧克力块隔水或者用熔化锅完全熔化，让每一个甜甜圈都沾上巧克力酱，再撒上熟核桃碎，放凉，便可享用。

水果木糠杯

原材	
薏米饼干…4小包	草莓…2～3个
椰浆…100g	开心果碎…适量
芒果…1个	樱桃…适量

制作步骤

① 将薏米饼干放在硅胶垫上，用擀面棍压碎，备用。

② 将芒果去皮切成小块，草莓洗净切成四块，备用；在杯子底层铺上薏米饼干碎，再铺上芒果块、草莓块，依次往上铺（水果可选择自己喜欢的）。

③ 将椰浆放在冰箱冷藏一晚，第二天倒出椰浆，用电动打蛋器直接打发成椰浆，大概需要10分钟。当感到搅打阻力越来越大的时候，可以观察一下打蛋器头上的奶油，出现短小的尖尖时，就可以停止搅打了。最后将椰浆奶油铺进水果木糠杯里，再铺上开心果碎，最后放上樱桃，便可享用了。（如果觉得打发椰浆奶油麻烦，也可以省略这一步，直接铺上薏米饼干和各种水果享用，同样好吃。）

当我们活着,自我却未觉醒时,亦需要外面的人敲醒内在的我们。

味蕾小菜

原料		
红椒⋯半个	西葫芦⋯适量	黄柠檬汁⋯适量
青椒⋯半个	薄荷叶⋯少许	盐⋯少许
黄椒⋯半个	玉米油⋯适量	酱油⋯适量
茄子⋯适量	干意大利混合香料碎⋯适量	

制作步骤

① 将红椒、青椒、黄椒、茄子、西葫芦分别洗净,切成小方丁,备用。

② 茄子丁放入干锅将水分炒干,倒入玉米油翻炒至香、变色,再加入少许盐和酱油翻炒,盛出备用。

③ 用玉米油将西葫芦丁、青椒丁、红椒丁、黄椒丁一起炒至四分熟时,倒入炒好的茄子丁,加入干意大利混合香料碎、黄柠檬汁、盐翻炒均匀,盛入盘中,用长方形模具塑形,然后点缀几年薄荷叶,便可品尝。

用心便是生活，
无心便是活着。
有愿力所以要好好努力，
不努力即便有实力也没意义；
有努力自然就会有实力，
有实力所以更加要努力。

五谷清新

原料		摆盘材料
薏米…50g	黑加仑…适量	细西葫芦…1根
玉米粒…50g	植物油…适量	胡萝卜…1根
青豆…25g	酱油…适量	芹菜叶…少许
胡萝卜…20g	盐…适量	

制作步骤

① 薏米用盐水泡10分钟，沥干，再放入碗内，倒进过滤水没过薏米，蒸熟，再用植物油炒香，备用。

② 玉米粒、青豆用沸水烫到八分熟，捞出沥干，备用；胡萝卜削皮，切成小丁，用植物油炒熟，放盐调味，备用。

③ 中火用植物油将薏米、胡萝卜丁、玉米粒、青豆、黑加仑混在一起翻炒，加适量的酱油、盐调味，便可出锅。

④ 绿西葫芦和胡萝卜用削皮器削出几片长条形的薄片，再卷成空心的圆柱形，根据自己的喜好，错落有致地摆放于盘中，放入五谷清新，最后用芹菜叶装饰即可。

我们每个人都是一滴小水滴，
小水滴的力量微不足道，
唯有融入大海，
才能拥有大海的力量……
生命哪怕只有一瞬间的精彩，
我们也要展现自己的生命价值，
成就生命的真实意义！

五指毛桃节瓜汤

原料

胡萝卜…1根　　生花生…50g
节瓜…1条　　　眉豆…50g
五指毛桃…15g　过滤水…2000g

制作步骤

① 将五指毛桃、眉豆、生花生洗净，备用。

② 将胡萝卜、节瓜洗净削皮，分别切成小滚刀块，备用。

③ 将所有食材倒进砂锅中，加入过滤水，熬煮40分钟，便可盛出享用。

好的食材是烹饪的基础，
就像好的人品是做人的基础。

香椿炒饭

煮米饭的原料	配菜原料	
米…320g	杏鲍菇…60g	植物油…适量
过滤水…400g	干大豆蛋白片…6 片	酱油…适量
盐…2g	胡萝卜…60g	盐…适量
玉米油…4g	新鲜香椿…1 把	芝麻油…适量

制作步骤

① 将米洗净沥干水分，和过滤水、盐、玉米油一起放入电压锅里煮；煮熟后，将米饭打散放凉，备用。

② 新鲜香椿洗净，择成一根根的，放入沸水锅内，煮至变绿即可捞起沥干，再切成小丁，备用。

③ 干大豆蛋白片用冷水泡软，挤干水分，切成丁；用刀将杏鲍菇脏的部分刮掉，切成小方丁；胡萝卜洗净削皮，切成小方丁。

④ 将杏鲍菇丁、大豆蛋白丁放入干锅炒干水分，再加入植物油翻炒至金黄，放酱油调味，盛出备用；胡萝卜丁用植物油炒香，加盐翻炒，盛出备用。

⑤ 用植物油把米饭小火炒散，倒入大豆蛋白丁、杏鲍菇丁、葫芦卜丁、香椿丁翻炒，最后加入酱油调味，再滴少许芝麻油翻炒均匀即可。

⑥ 摆盘时，可以用圆形的慕斯圈造型。在慕斯圈中放入米饭，用勺子压实后，缓缓拿起慕斯圈，在米饭上点缀一些麻油炸的姜丝即可。

一无所有,

赤条条来去无牵挂,

无恨怨仇争。

这样的"一无所有",是生命努力的方向。

星空雪燕

雪燕部分原料	椰香部分原料	蝶豆花部分原料
干雪燕…10g	椰子粉…80g	蝶豆花…8小颗
过滤水…200g	热水…260g	温水…200g
黄冰糖…28g	桂花…少许	

制作步骤

① 先将干雪燕用过滤水泡12个小时以上,待完全泡发后挑去黑色杂质,挑的时候需要一些耐心。

② 在锅里加入过滤水、黄冰糖,煮沸时倒进泡发好的雪燕,中火煮3～5分钟便可关火,备用(冰糖可根据自己的喜好增减)。

③ 将热水冲入椰子粉中,搅拌均匀,备用。

④ 蝶豆花放入温水中,待颜色泡出来便可取出(蝶豆花数量越多,水的颜色越深,可根据自己的喜好增减)。

⑤ 将雪燕、蝶豆花水、椰子粉水依次加入碗中,最后撒上少许桂花做装饰,便可享用。

最近,
重温了《阿甘正传》。
里面说道:
"人生就像一盒各式各样的巧克力,
你永远不知道下一块将会尝到哪种滋味。"
像生活一样,
不同的选择都将让我们的命运有不同的走向,
每一种巧克力仿佛代表着每一个人生阶段,
又或者说是一种人生体验。
没有人能预知自己的未来,
就像没有人能准确吃到自己喜欢的那块巧克力。
不执着过去,
不猜测未来,
只有好好享受当下的滋味,
以虔诚的态度对待每一个当下。

151

燕麦巧克力礼盒

原料
即熟燕麦…10g
黑巧克力块…100g

制作步骤

① 将即熟燕麦用烤箱200℃烤3分钟,要时刻留意燕麦的状态(每台烤箱的性能不一样,根据实际情况调整烤箱温度及烘烤时间)。

② 将黑巧克力块隔热水或者用熔化锅完全熔化后,加入燕麦搅拌均匀,再将其倒入巧克力模具中,放入冰箱急冻半个小时。脱模取出,便可打包装饰。

香草拌红薯

原料

红薯…200g	熟松子粉…适量
干欧芹碎…少许	开心果碎…适量
干迷迭香碎…少许	熟核桃碎…适量
糖浆…16g	岩盐…少许
柠檬汁…5g	橄榄油…少许

制作步骤

① 红薯洗净，对半切开，隔水蒸熟，出锅放凉，备用。

② 将红薯果肉挖出放进调料碗中，加入熟松子粉、干迷迭香碎、干欧芹碎、糖浆、柠檬汁、岩盐、橄榄油，搅拌均匀，最后撒上熟核桃碎、开心果碎，便可享用。

平常，但不平凡。

鹰嘴豆燕麦饼

原料		摆盘材料
鹰嘴豆罐头（盐味）…250g	植物油…适量	吐司…1 片
凉白开水…适量	酱油…适量	莳萝…适量
即食燕麦…80g	混合香料…适量	土豆泥…适量
新鲜茴香…10g	盐…5g	
胡萝卜…100g		

6~7个，60~70克/个

制作步骤

① 胡萝卜洗净，切成小块，用热植物油炒熟炒软，加盐调味，备用。

② 新鲜茴香洗净，切碎，备用。

③ 烤箱调至200℃，预热5分钟，将即食燕麦放在烤盘上，置于烤箱烤3~4分钟，取出放凉，备用。

④ 将鹰嘴豆罐头水倒掉，用过滤水冲洗鹰嘴豆，沥干，备用。

⑤ 将所有食材放入料理机中打碎，边搅打边观察是否过湿，可适量添加燕麦片，整体不要太绵密即可（如果太干的话，可以加入适量的凉白开水）。

⑥ 每个称60~70g，揉成圆形，再压成扁圆形。烤盘上铺上油纸，刷一层薄薄的植物油，放上鹰嘴豆饼。

⑦ 烤箱调至上下火200℃，预热5分钟，将鹰嘴豆饼放进烤箱，烤20分钟左右。在烤箱里放一小碟冷水，以免饼烤制过干。取出放凉，便可享用（每台烤箱的性能不一样，根据实际情况调整烤箱温度及烘烤时间）。

⑧ 摆盘时，剪一块与鹰嘴豆燕麦饼大小差不多的吐司片，从下往上依次叠放饼、吐司片，最后挤一些土豆泥，点缀上莳萝即可。

丁、块、丝、片、条，
君子不器，方能成其器。

虽然萝卜青菜各有所爱，
但所有的食材都是上天赐予我们的，
都是值得我们去珍惜和感恩的。
所有的生命都是值得被爱的，
我们要学习去爱。

余香素丝

原料	
干大豆蛋白丝（泡发前）…35g	有机豆瓣酱（不辣，无五辛）…4g
干木耳…10g	植物油…适量
红椒…65g	盐…适量
青椒…100g	酱油…适量
郫县豆瓣酱（辣，无五辛）…15g	米醋（无酒精）…适量

酸甜酱汁调味料	大豆蛋白丝腌渍原料
甜菜糖…10g	素蚝油…5g
生粉…2g	酱油…5g
米醋（无酒精）…10g	生粉…3g
水…15g	植物油…2g

制作步骤

① 大豆蛋白丝用过滤水泡软，挤干水分，用素蚝油、酱油、生粉、植物油腌渍20分钟，再用植物油炒香，备用。

② 干木耳用过滤水泡发，去蒂，沥干水分，切成丝，放入干锅炒干，加入酱油、米醋翻炒一会儿，再倒入植物油翻炒，盛出备用。

③ 将红椒、青椒切成细条状，用植物油翻炒至五分熟，加入少许盐，盛出备用。

④ 在碗里加入甜菜糖、生粉、米醋、水，搅拌均匀，做成酸甜酱汁备用。

⑤ 用植物油将郫县豆瓣酱、有机豆瓣酱炒香后，加入炒好的大豆蛋白丝和木耳丝，翻炒一会儿，调入酸甜酱汁，最后倒进红椒条、青椒条翻炒均匀。

⑥ 选自己喜欢的叶子，卷起叶子的一端，固定在小杯中，放入余香素丝即可。

奇雅子芒果果昔

原料

芒果…1个
香蕉…1根
奇雅子[1]…8g
过滤水…适量
装饰：菇娘、草莓、薄荷叶

制作步骤

① 奇雅子用凉白开水泡半个小时以上，备用。

② 芒果洗净，削皮切块；香蕉去果皮，切块，备用。

③ 将香蕉、芒果倒进破壁机打至绵密。杯里放入泡发后的奇雅子，倒入香蕉芒果果昔，再放上菇娘、草莓、薄荷叶便可享用。

---

1 奇雅子：又名奇亚籽，奇亚籽中含有丰富的纤维、高质量的蛋白质、天然的抗氧化剂、许多维生素和矿物质，是一种超级种子。

椰子银耳汤

原料	
椰子…2 或 3 个	红枣…3 或 4 个
干银耳…10g	黄冰糖…40g
枸杞子…适量	

制作步骤

① 将椰子打开,倒出椰子水,取出果肉(约200g),切小块,备用。

② 干银耳用过滤水完全泡开,剪成小朵;红枣、枸杞子洗净;将椰子水、椰子果肉、银耳、红枣、黄冰糖一起放进电压锅,按下煮汤功能键便可。

③ 煮好后,加入枸杞子便可享用。

发酵是腐烂还是升华？
吾当常自省。

自制腐乳

原料	腌渍调味料	高浓度盐水原料
老豆腐…800g	玉米油…510g 盐…120g 花椒粉…35g 白芝麻…50g 辣椒粉…100g 红油…100g	热水…600g 盐…40g

腌渍调味料制作步骤

① 用干锅小火将盐炒熟炒黄，期间炒到五分熟时加入白芝麻，白芝麻炒到咔咔响时放入辣椒粉，翻炒均匀，炒2~3分钟，放入花椒粉炒香，将所有调料翻炒均匀后盛出放凉，备用。

② 加热玉米油和红油，煮2分钟关火，放凉，辣椒油就做好了。

制作步骤

① 将粽叶洗净晾干，铺在干净的蒸锅中，备用。

② 将老豆腐切成小块，放在锅内的粽叶上，盖上锅盖，进行发酵。发酵期间不能开盖，5天左右豆腐块开始长出白毛，再过两天白毛消失，接着会出现黄黄的黏液，这时就可以开始准备入罐了。

③ 用热水将盐溶化，放凉，备用。

④ 将发酵好的豆腐块放进高浓度的盐水中，浸泡2分钟。切记不要浸泡太久，以免豆腐吸进过多的盐分。

⑤ 将浸泡好的豆腐块捞出，沥干水分，放进腌渍调味料中，确保每块豆腐都裹满调味料，再放进干净无水滴的容器中，容器装满后倒入放凉的辣椒油，油量需要没过豆腐。用保鲜膜裹在瓶口上，再盖上盖子，静置7天便可开盖品尝（期间切忌开盖，静等再发酵）。

第 四 年

"轻奢文明的生活"
＋
素食聚餐

轻奢文明的生活

如果你拥有一百多双鞋、上百套衣服和不同款式的包,但你却总感觉缺少一个,那这是一种幸运还是不幸?

这就是我们姐妹俩过去的生活状态。

努力工作赚钱,努力购物,追求各种名牌和奢侈品,但不管我们怎么努力,得到多少,我们总感觉有一个角落是空的。

直到有一天身边有智慧的前辈提醒:"你们对你们喜好的东西的爱,远远超过对自己的爱。"

我们当时不理解,我们怎么会不爱自己呢?我们每天都努力地让自己吃好的、喝好的、穿好的、用好的。

"如果都是好的,为什么你们总会觉得不够呢?喜新厌旧得那么快?你们是真的觉得它们好吗?"前辈继续追问。

我们一下子愣住了:是啊!我们拥有的是真的不够吗?如果我们不觉得这些东西好,那为什么会努力而执着地想要得到更多呢?如果我们真的觉得它们好,为什么这么快就弃旧换新呢?

"不是这些东西不好,是你们的心不好。"前辈继续毫不留情地说道。

"我们的心不好?"我们更懵了。

"这些东西你们真正用过多少次?为

了得到这些,你们付出了多少?"

"很多都只用过一两次,也有些买回来就没用过。"

"这些东西真的让你们变得更好了吗?还是虽然你们拥有它们,但本质上它们还是它们,你们还是你们?"

我们沉默,思考:是呀!它们还是它们,我们还是原来的那个我们,它们带给我们的满足与欢乐是短暂而有限的。

"你们在那一刻被欲望控制了,被虚荣心、妄想心得到满足的感觉迷惑了。我们不知不觉地以为(妄想)得到那个东西一定会让自己更美或更好,于是想尽办法,尽一切努力得到。得到的那一刻似乎很美好,但很快不满足又来了,于是我们又开始追求下一个目标。就这样周而复始,即使有了一千件可还是会觉得少一件。因为真正需要改变的是我们的心,心的内涵和品质没有提升,那就等于在吃止痛药,甚至会加重自己的病情。"

除了外在的名牌和奢侈品,还有更重要的奢侈品:心。一颗懂得珍惜、管理和善用当下所有,不建立在名牌上的自信和淡定,不建立在多与少上的满足和自在,不跟随外在环境而起伏不定的心。

智慧的引导让我们俩第一次静下心来问自己:我们想要什么?我们想要的真的是我们需要的吗?我们想成为什么样的人?当自问这些问题时,我们看到了自己所谓的"往前"和"努力"是有些盲目的。

"吾有明珠一颗,久被尘劳封锁。"我们内心的明珠还亮着吗?面对人生种种起起落落,它能淡定从容、举重若轻吗?在这个短暂的人生旅程中它是被训练得更光明、成熟、睿智,还是沾满尘埃?如果每一颗心都是一个奢侈品的话,那么我们的心会具备怎样的品质呢?

素,朴素,素质,素养,素雅,素洁,素净,素其本位。素是本来的、洁白的、美好的、质朴的。

对大小素而言,素不仅是一种让身体更健康、轻松、低碳的饮食方式,更是一种对心灵回归、美好内在品质的追求。

"和"风简餐

"美就是净化过剩的过程。"米开朗琪罗说。

人生亦是如此。

生活,

从简到繁,

从繁到简,

在这个过程中,

寻找适合自己的生活方式。

斑斓布丁

原料	
豆奶…245g	琼脂粉…2g
斑斓液…1滴	糖浆…20g

制作步骤

① 取一半的豆奶，放入糖浆，煮开。

② 将另一半的豆奶与琼脂粉、斑斓液混合，倒进加了糖浆的热豆奶中，快速搅拌均匀。

③ 取小杯作为容器，将豆奶倒入容器放凉，置于冰箱冷藏1小时，便可享用。

茶泡饭

原料	
白米饭…2碗	日本绿茶…适量
海苔…适量	熟白芝麻…适量
芥末酱…适量	岩盐…少许

制作步骤

① 准备两碗白米饭，加海苔、芥末酱、熟白芝麻，备用。

② 用90℃的热水冲泡日本绿茶，之后倒进米饭中，撒少许岩盐，便可享用。

煎南瓜

原料
南瓜…3～5片 盐…适量 植物油…适量

制作步骤

将南瓜洗净削皮，切成小扇形块，用植物油小火煎至两面稍微金黄（可以试尝一下，看是否软糯），撒上盐便可出锅。

芥末酱海葡萄

原料
海葡萄…适量 芥末…适量 酱油…适量

制作步骤

① 海葡萄用过滤水泡2～3分钟后会膨胀。把过滤水倒掉，再用新的过滤水泡2～3分钟，如此反复洗2～3遍，沥干水分。

② 在海葡萄中加入芥末、酱油，便可享用。

"一添"户外野餐

"一添"寓意"在一天里添加新的阳光和欢喜"。

三五朋友欢聚,共度周末好时光。

一股翻新的泥土味,一缕初春的青草香,弥漫在空气里。

路旁的鲜花,在风中摇曳;玩耍的孩童,渲染了快乐。

户外野餐,铺张餐布,准备食物,悦耳音乐,穿梭其间,是那样的惬意和爽心。

朋友们个个好厨艺,把生活变成我们想要的样子。

带着笑意,尽享简单的幸福。

藜麦油醋汁沙拉

原料		油醋汁原料
藜麦[1]…30g	玻璃生菜…适量	橄榄油…30g
玉米粒…一小把	蔓越莓…10 颗	醋（无酒精）…30g
毛豆粒…一小把	核桃仁…5 颗	盐…适量
木耳…5g	海盐 / 盐…适量	糖浆（龙舌兰糖浆或枫糖浆都可以）…适量
南瓜…10 片	过滤水…适量	黑胡椒碎…适量（可放可不放）
紫甘蓝…适量	橄榄油…适量	
苦苣…适量	黑胡椒碎…适量	
樱桃萝卜…适量		

油醋汁制作步骤

将橄榄油、醋、盐、糖浆和黑胡椒碎放进密封瓶子里，使劲儿摇均匀，即可使用。制成后也可置于冰箱冷藏存放。

沙拉制作步骤

① 藜麦用过滤水浸泡一夜，将泡过的藜麦沥干水分，放在碗里，加入过滤水（藜麦与水的比例是1：1），隔水蒸15分钟左右。

② 在烤盘上铺一张锡纸，刷一层油，南瓜切成片，在南瓜片表面刷上橄榄油，撒上黑胡椒碎、海盐，摆入烤盘。取另一个烤盘，放入核桃仁。烤箱调至上下火200℃，预热10分钟后，将核桃仁和南瓜一起放进烤箱，核桃仁烤15分钟后取出，南瓜片烤25分钟后取出。

③ 玉米粒、毛豆粒、木耳（切碎）用开水烫熟，沥干水分，用橄榄热油翻炒，加盐调味。调至中小火，倒入藜麦继续翻炒，加入黑胡椒碎，翻炒均匀，盛出备用。

④ 将蔓越莓泡在开水中1分钟，沥干水分。

⑤ 将蔬菜洗净，紫甘蓝切成细丝，樱桃萝卜切成薄片，玻璃生菜切成丝，苦苣切成丝，放入沙拉碗，倒入油醋汁，搅拌均匀。

⑥ 在沙拉碗中倒入藜麦饭，放入烤好的南瓜片和核桃仁，以及泡好的蔓越莓，搅拌均匀，便可享用。

---

1 藜麦：不含麸质，是高蛋白质高纤维、低糖低淀粉的超级食物。联合国粮农组织认为藜麦是唯一一种单体植物可基本满足人体营养需求的食物，是最适宜人类的完美的全营养食品。

柠檬蔓越莓玛芬

原料	
面粉…250g	玉米油…40g
泡打粉…6g	柠檬皮碎…适量
盐…2g	蔓越莓干…适量
甜菜糖…90g	苹果醋(无酒精)或柠檬汁…6g
豆奶…206g	

10～12个,50克/个

制作步骤

① 先将面粉、泡打粉、盐过筛,混合,备用。

② 取一个容器,倒入甜菜糖、豆奶、玉米油,搅拌至糖溶化。

③ 将混合后的豆奶与苹果醋一起倒入粉类中,搅拌至顺滑后,加入蔓越莓干、柠檬皮碎。

④ 将面糊倒入玛芬杯至七分满,烤箱调至上下火190℃,预热5分钟,将玛芬杯放进烤箱烘烤25分钟(每台烤箱的性能不一样,根据实际情况调整烤箱温度及烘烤时间),取出便可享用。

蔬果越南米卷

原料		自制沙拉酱原料
越南米卷皮…适量	老豆腐…1块	腰果…100g
胡萝卜…1根	酱油…4g	水…100g
黄瓜…1根	盐…2g	盐…1.5g
紫甘蓝…半个	胡椒粉…适量	甜菜糖…20g
红灯笼椒…1个	孜然粉…适量	柠檬汁…20g
青灯笼椒…1个	植物油…适量	植物油…20g
生菜…适量		

沙拉酱制作步骤

① 将腰果用沸水浸泡一晚，备用。

② 将甜菜糖、盐与水混合，搅拌均匀。

③ 将所有原料放入料理机，打至细腻便可。

越南米卷制作步骤

① 将老豆腐放进冰箱冷冻一晚；将越南米卷皮提前放入温水中解冻。

② 老豆腐解冻后用手轻轻把水挤出来，注意不要把豆腐挤得太碎。

③ 热锅倒入植物油，加入豆腐翻炒至金黄，再加入酱油和盐，撒一点胡椒粉和孜然粉调味，盛出备用。

④ 将胡萝卜、黄瓜、紫甘蓝、红灯笼椒、青灯笼椒切成等长条状，备用。

⑤ 洗净生菜，切掉比较硬的菜头，留下大片的叶子。

⑥ 准备一盆温水，将越南米卷皮稍微用水打湿，平摊在干净的案板上。

⑦ 将生菜摊平放在越南米卷皮的一侧，依次将豆腐、做好的沙拉酱、胡萝卜条、蔓瓜条、青红灯笼椒条、紫甘蓝条放在生菜上，最后轻轻地连着米卷皮一起卷。注意卷得紧凑些，但要控制力度，以防米卷皮被撕破。

⑧ 将底部多余的米卷皮往上折，包住即可。

硕果串儿

原料

紫甘蓝…半个
青椒…1个
黄椒…1个
红椒…1个
黄瓜…1根
南瓜…半个
菠萝…1个
橄榄油…适量
海盐…适量
黑胡椒粒…适量
干罗勒碎…适量

制作步骤

① 将紫甘蓝、青椒、黄椒、红椒切成边长为3cm的正方形,备用。

② 将黄瓜、南瓜、菠萝切成宽2cm、长1.5cm的块,备用。

③ 在烤盘上铺一张锡纸,刷一层橄榄油,防止蔬菜粘在盘底。

④ 将青椒、黄椒、红椒、菠萝、紫甘蓝整齐摆放在同一个烤盘里,南瓜单独放在另一个烤盘里;所有蔬菜表面刷一层橄榄油,撒海盐、黑胡椒粒、干罗勒碎。

⑤ 将烤箱调至上下火200℃,预热10分钟,将烤盘放进烤箱,放彩椒的烤盘烤20分钟后取出,放南瓜的烤盘再继续烤20分钟,烤熟即可取出。

⑥ 所有蔬菜烤好后,按照紫、青、红、橙、黄的顺序穿成串儿,硕果串儿就完成了。

Tips:

① 在食材选择上,建议选择日本小黄瓜和橙色的南瓜,颜色过渡会更好看,而且可以连皮食用。

② 菠萝切块时,可以把中间白色的部分去掉,吃起来会更方便。

③ 由于彩椒、菠萝与南瓜的烤制时间不同,因此建议彩椒和菠萝放在一个烤盘里,南瓜单独放在另一个烤盘里。为了节省时间,可以先将南瓜切块烤制,再切菠萝和甜椒,最后切紫甘蓝和小黄瓜。

④ 绿甜椒烤后颜色会变暗,如果可以接受生甜椒的味道也可以不烤,颜色会更鲜艳。

⑤ 蔬菜的数量可以根据竹签的长短适度调整。

⑥ 穿串儿的时候,最好厚薄穿插,口感、层次和视觉效果都会更好。

⑦ 食用前可以淋上自己喜欢的酱汁。

⑧ 可以根据自己的喜好来选择蔬菜,充分发挥想象力。

春节风味火锅

春节,
每年的这个时候,
出门在外的异乡人,
总是思绪万千。
故乡,
便是默念在心头的柔情万丈。
这几天,
许多人都将踏上回家的路。
但也有很多人,
因为诸多原因,
无法回家,
要留在工作打拼的异地他乡……
有心就有爱,
于是就有了异地他乡的团圆!
愿新的一年,
我们以感恩的心,
直面遇见的一切。
愿新的一年,
在回家的路上,
我们可以更加坚定而平和,
喜乐且充满盼望。
愿新的一年,
我们能用平和的眼光来看待周围的人和事物,
相信:
为你所开的门,无人能关。
愿新的一年,
我们打开门,走出去,看见新的"涌泉"!

凉拌鱼腥草

原料	
鱼腥草…400g	花椒油…适量
盐…适量	柠檬汁…适量
酱油…适量	香菜碎…适量
陈醋（无酒精）…适量	花生碎…适量
甜菜糖…适量	红油…适量
芝麻油…适量	

制作步骤

① 将鱼腥草根须洗净，剪成小段，用盐腌渍10分钟入味。

② 鱼腥草加酱油、陈醋、甜菜糖调味。

③ 加入芝麻油、花椒油、红油、柠檬汁、香菜碎、花生碎拌匀，便可享用。

凉拌黄瓜

原料

黄瓜…500g
红椒…适量
盐…适量
酱油…适量
陈醋（无酒精）…适量
甜菜糖…适量
芝麻油…适量
花椒油…适量
香菜碎…适量
花生碎…适量
红油…适量

制作步骤

① 黄瓜洗净，用刀背轻拍几下，对半切开，再对半切，然后切成合适的小段，用盐腌渍10分钟入味；红椒洗净去籽，切成细条。

② 将黄瓜段、红椒条混合，加酱油、陈醋、甜菜糖调味。

③ 加芝麻油、花椒油、红油、香菜碎、花生碎拌匀，便可享用。

辣红火锅汤底

原料

新鲜番茄…5个
番茄酱（无五辛）…30g
郫县豆瓣酱（微辣味）…10g
素蚝油…30g
红糖…15g
过滤水…1600g
玉米油…适量

制作步骤

① 新鲜番茄洗净去蒂，切碎，用玉米油翻炒。

② 加入番茄酱、素蚝油、红糖、郫县豆瓣酱、过滤水熬煮1个小时以上。期间尝尝味道，根据自己的喜好调整酱料。喜欢吃辣的朋友，还可以放自己喜爱的辣椒。

三合酱

原料

姜末…100g
过滤水…200g
素蚝油…60g
生抽…60g
芝麻油…80g
陈醋（无酒精）…50g
熟白芝麻…10g
香菜碎…少许
植物油…适量
甜菜糖…适量

制作步骤

① 用植物油将姜末炒香盛出。

② 锅中放芝麻油、素蚝油、生抽、陈醋、甜菜糖、白芝麻、过滤水熬开，倒入姜末，拌匀，出锅冷却后加香菜碎，便可享用。

胭脂子姜丝

原料

子姜…250g
紫甘蓝…100g
凉开水…适量
盐…适量
白醋（无酒精）…适量
甜菜糖…适量

制作步骤

① 紫甘蓝洗净，切成小片，放入料理机，加凉开水，打碎过滤后取紫甘蓝汁。

② 在紫甘蓝汁中加少许白醋，颜色会瞬间变成粉红色。

③ 子姜洗净，切成丝，用盐腌20分钟。子姜出水后，挤干水分，再加入适量白醋、甜菜糖、紫甘蓝汁，腌20分钟以上便可享用。

新意聚餐

翠竹黄花无非般若,

这是有智慧的人看生活的态度。

衣食住行,柴米油盐,是生活中寻常而又琐碎之事。

那不起眼处,恰是用功时。

用心,

衣食住行,寻常中可创造惊喜;

柴米油盐酱醋茶,琐碎之中自有诗意。

青酱意面

原料	青酱原料
快熟意大利面…150g	葡萄籽油…45g
植物油…适量	新鲜罗勒叶…45g
纯素芝士粉…适量	新鲜芝麻菜…125g
	松子…50g
	黑胡椒粉…4g
	盐…4g

制作步骤

① 水煮开后，放入快熟意大利面煮10分钟，捞出沥干水分，备用。

② 将芝麻菜（留几根用作装饰）、罗勒叶洗净，放入料理机，再加进松子、葡萄籽油、黑胡椒粉和盐，启动料理机将其打碎，有细微的颗粒也没有问题，这样青酱就做好了。

③ 用植物油翻炒一下煮过的意大利面，加入青酱，搅拌均匀后盛出，撒上纯素芝士粉，再放几根芝麻菜装饰，便可享用。

酥脆番薯三色藜麦饼

原料	湿面糊原料	干面粉原料
番薯…100g	面浆粉…10g	玉米淀粉…10g
植物黄油…10g	过滤水…35g	普通面粉…5g
藜麦…5g	盐…1g	面包糠…适量
植物油…适量	黑胡椒粉…0.5g	
过滤水…适量		

9个，40克/个

制作步骤

① 藜麦用过滤水泡一夜，取出，放入碗中，加过滤水（藜麦与水的比例为1:1），放入蒸锅蒸熟。

② 番薯洗干净，蒸熟，去皮，压碎至绵密，备用。

③ 将植物黄油加热成液态，和蒸熟的藜麦一起放进番薯泥里拌匀，将拌匀的番薯泥均分成几份，每份40g，压成有一定厚度的饼。

④ 将湿面糊原料混合，调成面浆；干面粉原料全部混合成面包糠。将成形的番薯泥先裹上面浆，再裹上面包糠，用植物油炸至两面金黄，便可盛出享用，口感外酥里嫩。

椰菜花珍宝菇

椰菜花原料	珍宝菇原料
椰菜花…300g	珍宝菇…220g
植物黄油…15g	酱油…20g
玉米油…适量	芝麻油…11g
装饰：三色堇、豆苗	红油…7g
	红糖…10g
	姜末…21g
	熟白芝麻…适量
	盐…适量

制作步骤

① 将椰菜花切碎，放入干锅炒干水分，倒入玉米油炒香，再加入植物黄油翻炒一下，盛出备用。

② 珍宝菇稍微清洗一下，切成厚度适中的片状，加入所有酱料混合均匀，置于冰箱冷藏腌渍1~2个小时，再用玉米油煎至两面变色便可出锅。

③ 摆盘时，先在碟中放入煎好的珍宝菇。用小杯子装入椰菜花碎，压实，倒扣在珍宝菇上，用三色堇和豆苗点缀即可。